JN243182

戦後のサバイバル
(生き残り作戦)

マンガ：もとじろう／ストーリー：チーム・ガリレオ／監修：河合 敦

はじめに

1945（昭和20）年8月、アジアや太平洋の島々で長年にわたって戦い続けてきた戦争に、日本は敗れました。こののち、日本は民主的な国へと新しい道を歩み始めました。

戦後について、学校の授業では、戦争に敗れ、焼け野原となった日本が見事に復興して経済大国となったことや、その一方で深刻な公害が起こったことなど、現代の日本が抱えるさまざまな問題についても学習します。

今回のマンガでは、ハルトとタクミの兄弟が謎の怪人によって、終戦直後の日本にタイムスリップさせられてしまいます。ふたりは、そこで戦後の混乱期をたくましく生きる人たちと知り合い、当時の暮らしを体験します。

戦後、経済大国へと生まれ変わっていく日本を、ふたりと一緒に旅しましょう。

監修者　河合 敦

戦後のサバイバルの舞台は…？

年	区分	時代	できごと
4万年前	先史時代	旧石器時代	日本人の祖先が住み着く
2万年前			
1万年前		縄文時代	土器を作り始める／貝塚が作られる／米作りが伝わる
2000年前		弥生時代	
1500年前	古代	古墳時代／飛鳥時代	大和朝廷が生まれる
1400年前			
1300年前		奈良時代	平城京が都になる
1200年前		平安時代	平安京が都になる
1100年前			
1000年前			
900年前			
800年前	中世	鎌倉時代	モンゴル（元）軍が2度攻めてくる
700年前			
600年前		室町時代	室町幕府が開かれる／金閣や銀閣がつくられる
500年前			
400年前	近世	安土桃山時代	
300年前		江戸時代	江戸幕府が開かれる
200年前			
100年前	近代	明治時代	明治維新
		大正時代	大正デモクラシー
50年前	現代	昭和時代	太平洋戦争／高度経済成長
		平成時代	

ココ!!

- 米作りが広まる
- 巨大なお墓（古墳）がつくられる
- 奈良の大仏がつくられる
- 華やかな貴族の時代
- 鎌倉幕府が開かれる（武士の時代の始まり）
- 戦国時代
- 町人文化が盛んになる
- 文明開化
- 現代

もくじ

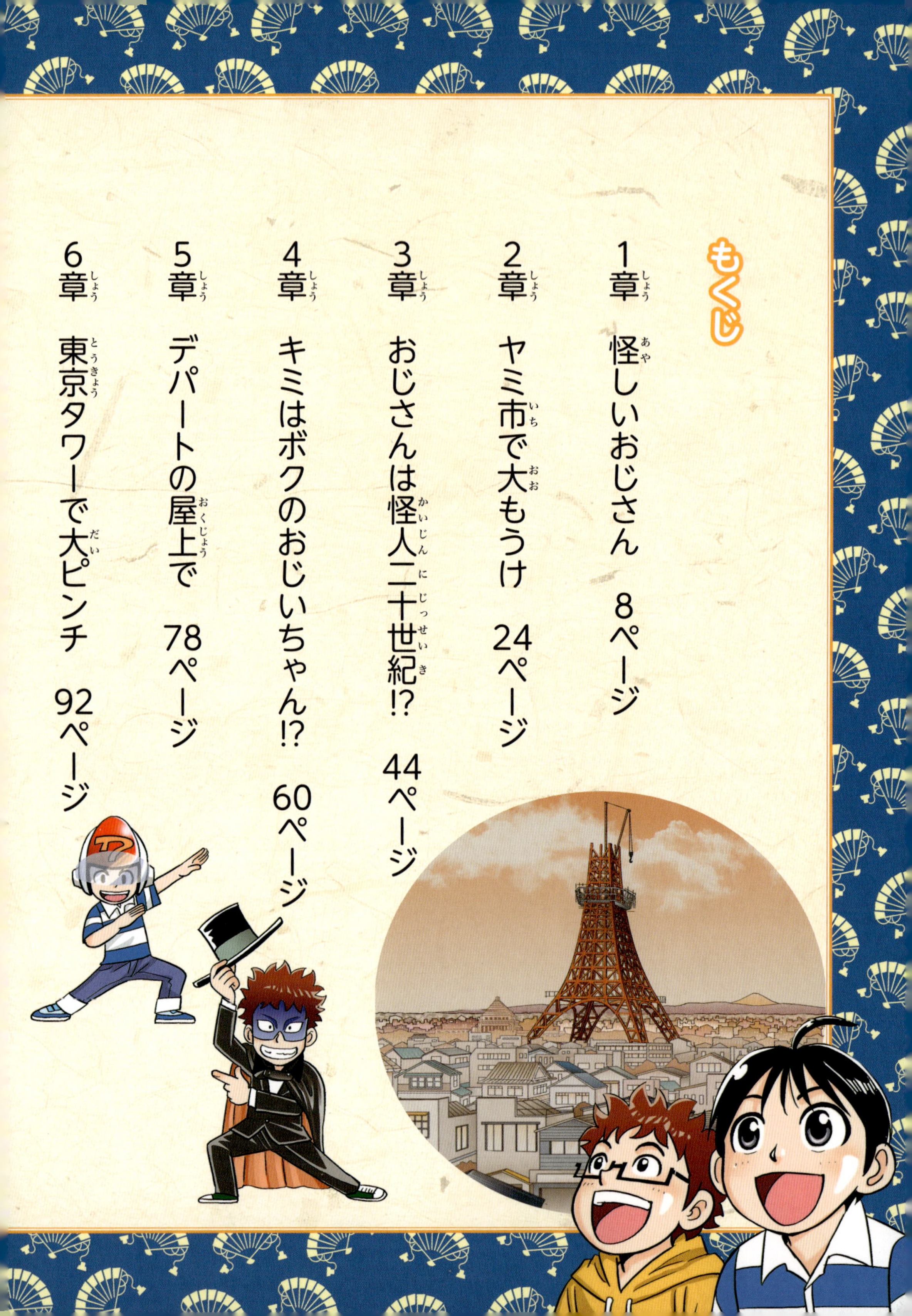

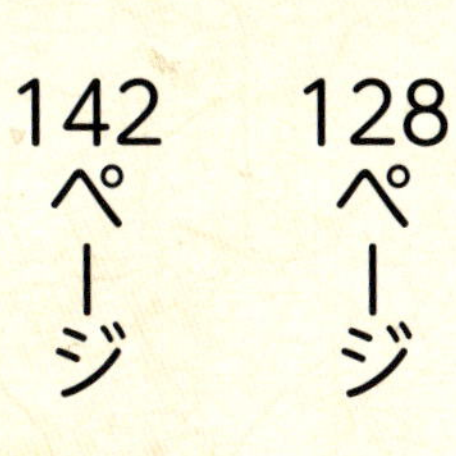

歴史サバイバルメモ

登場人物

タクミ

しっかりもので、まじめな男の子。
お兄ちゃんのハルトに振り回されるが、
やっぱりお兄ちゃんのことが心配。

ハルト

タクミのお兄ちゃん。
やさしいが、軽はずみなところがあり、
怪しい誘いにうっかり乗ってしまう。
実は、鉄オタ。

ミヤコ

天然系でほんわかした女の子。
ジョーの片思いの相手。
戦争でお父さんを亡くして、
お母さんとふたり暮らし。

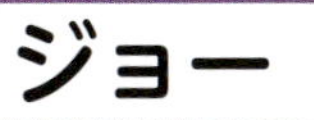

戦争で家族を亡くし、ひとりぼっちでたくましく生きている男の子。実は、その正体は……。

怪人二十世紀

タクミたちをタイムスリップさせる変なおじさん。ハルトと何やら契約しているようだが……。

タイムパトロール・ジロー

時空をかける警察官。時を勝手にあやつる怪人二十世紀を追っている。

1章

怪しいおじさん

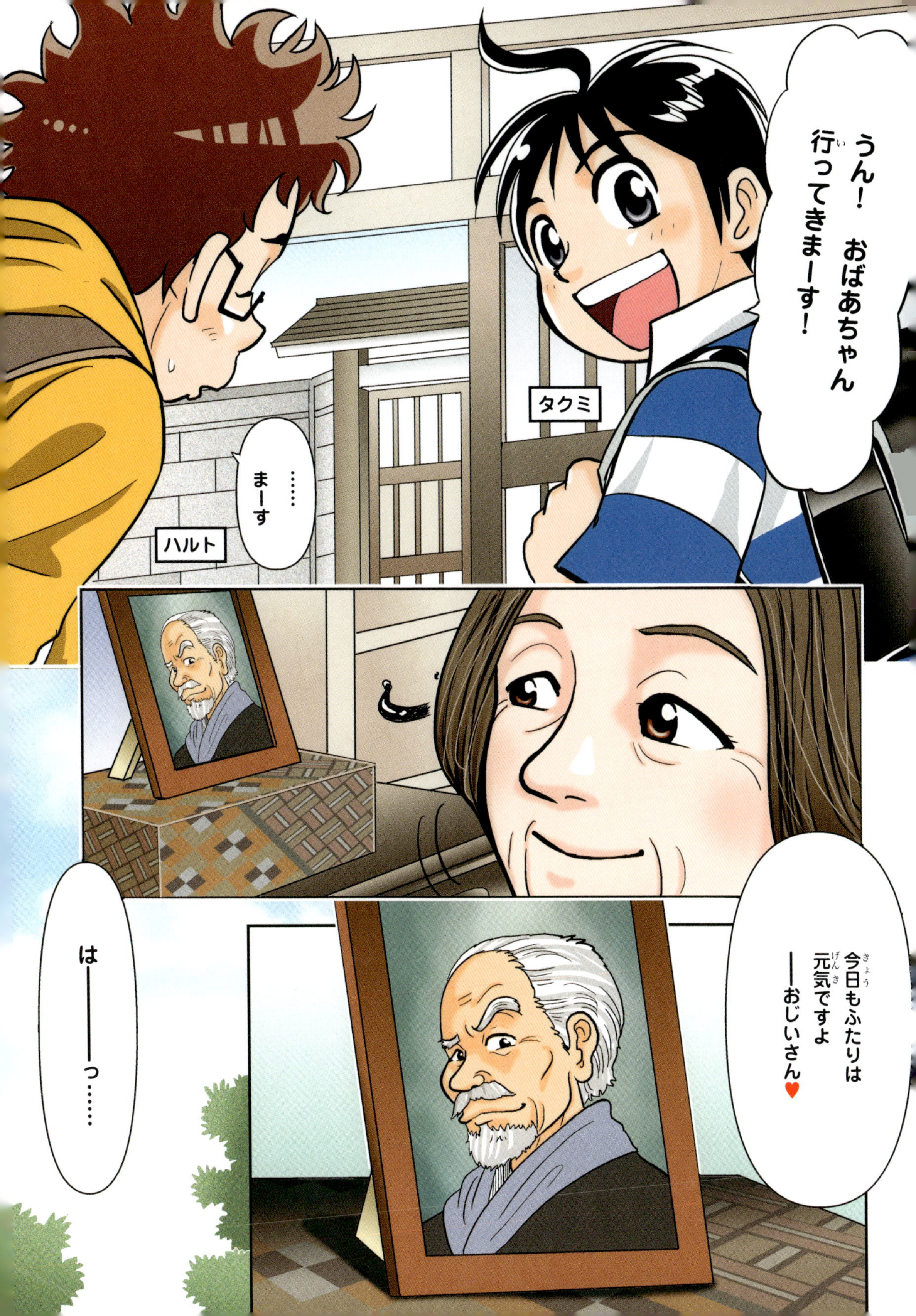
うん！
おばあちゃん
行ってきまーす！
タクミ
……
まーす
ハルト
今日もふたりは
元気ですよ
——おじいさん♥
はーーーっ……

はあああああああ
兄ちゃーん 元気出しなよう
もうオレはダメだ〜
ヨロ
ヨロ
ピクッ
ちょっと学校で うんちもらしたくらいで
元気なんか出るわけないだろ――――っ!! ちょっとじゃないんだよっ しっかり出てんだよっ
学校で うんち もらしたこと あるか? タクミ!!
ないけども

あの絶望感は もらしたものでなければわかるまいっ！
プ〜
ブリリ
キャーッ
あまつさえ あこがれのユミちゃんにまで目撃されてしまったのだ
うおおぉ
そっ…それは……
というワケでもうオレはこのまま旅に出る捜さないでくれ……
じゃな…
にいちゃーん
あ〜 今日からオレのあだ名は うんちマンだ……
どこかへ行きたいよ〜
イヤダ
イヤダ
そこのぼうやちょっとちょっと
カモ カモン
くぃくぃ
ハッ
だっ……だれ!?

安心したまえ
怪しいものじゃないよ
見るからに怪しいけど……
ぼうやは 過去に戻ってやり直したいと思ったことないかい？
あるよっ！
今だよ今！
モーレツに思ってるよっ!!
あーあのとき古いヨーグルトさえ食べなければ……
怪人二十世紀
――その願いかなえてあげてもいいよ
え？

マ…マジで!?
うんちをもらす前に
戻れるの!?
ああ
そうだ

わたしにかかれば
いつの時代でもどんな場所でも
自由自在に移動できて
しまうのさ
そのかわり――…

あ──兄ちゃん 知らない人と話しちゃダメって言われてるのに
じゃあ契約成立だ
えっ
兄ちゃんっ怪しい人にだまされちゃダメだよ！
何とでも言え!!
オレは過去に戻ってもっかい人生をやり直すんだ!!
そんなっ……行っちゃダメだよ兄ちゃん!!

行くぞっ!!
兄ちゃ〜〜ん
うわあああああ

ドドッ
ぐはっ
ぐえ
イテテ
あっ ここは……
戻ったのか!?

ドン
1947年5月 東京
うんちをもらす前の日に!?
仮面仮面…
もらす前?
?

おいっ!
イテエじゃねーか
早くどきやがれ!!
えー?
あっ
ゴメン
またオレらのなわばりを荒らしやがって
ただじゃおかねぇ
なんだその弱っちいやつらはおまえの仲間か?
知らねえよこんなやつら
に…兄ちゃん…これどうなってんの!?
よ…よくわかんないけど…とにかく

ピンチだ！
あれ？ ちょっと まちがえたか…
次のタイムスリップができるまで 少し時間がかかるのだ！ ひとまず さらばっ!!
契約わすれるなよ！
タタッ
えっ!? ちょっと 待ってよ おじさんっ!!

やっちまえ!!
まずは
その弱っちい
やつらだ
えっ
ヤダー
相手は
オレだろ!
ばっ
この
ひきょうもの!!
あわわ
うりゃー
このヤロー
ボカ
スカ
す…
すごい…

っ……
ぎゃっ
ドッッ
つよーーーい!!
ちくしょーー
覚えてろ!!
オヤブンに
言いつけてやる!!
ずるずる
フン
てゆーか
ここどこ?
ずいぶん昔に
来ちゃったんじゃ
ないの?

日中戦争から太平洋戦争へ

①ドロ沼の「日中戦争」

1937（昭和12）年、日本と中国の戦争「日中戦争」が始まりました。最初、日本はこの戦争はすぐに終わると考えていましたが、中国の徹底的な抵抗で戦争は長引きます。また、アメリカやイギリスなども、中国を支援しました。こうして、日中戦争は、終わりの見えないドロ沼状態におちいりました。

昭和時代のキーパーソン 1

太平洋戦争開戦時の首相

東条英機

★生没年 1884～1948年

陸軍軍人、政治家。1941（昭和16）年、首相として太平洋戦争を開戦。戦後は＊A級戦犯として「東京裁判」で裁かれ、死刑になった。

写真：朝日新聞社

＊A級戦犯＝侵略戦争の計画者として「平和に対する罪」を犯した者

もの知りコラム

世界中が戦争をしていた！

日本が日中戦争をしていた1939年、ヨーロッパでは、ドイツがポーランドに侵攻し、それに反発するイギリスやフランスなどとの間で戦争が始まりました。

1940（昭和15）年、日本はドイツ（独）・イタリア（伊）と同盟を結び、戦争の時は互いに助け合うことを約束しました（日独伊三国同盟）。つまり、日本はドイツ側についたのです。

こうして、世界は大きく2つのグループに分かれて戦うことになりました。日本・ドイツ・イタリアなどの枢軸国と呼ばれるグループと、アメリカ・イギリス・フランス・ソ連（現在のロシアなど）などの連合国と呼ばれるグループです。この世界的規模で起こった戦争を「第2次世界大戦」と呼んでいます。

②「太平洋戦争」始まる！

戦争には、石油など、多くの資源が必要です。日中戦争が長引くと、日本は、資源を確保するため、豊かな資源を持つ東南アジアを侵略しようとしました。アメリカとイギリスは、日中戦争に反対するとともに、東南アジアに多くの植民地を持っていたので、日本に自分たちの植民地が奪われるのではないかと考え、ますます日本と対立を深めることになりました。

そして、1941（昭和16）年12月8日、日本はハワイの真珠湾にあるアメリカ軍基地を攻撃しました。こうして、アメリカ・イギリスなどの連合国との戦争、「太平洋戦争」が始まったのです。

昭和時代のキーパーソン 2

連合艦隊司令長官

山本五十六

★生没年 1884～1943年

海軍軍人。日独伊三国同盟に反対していたが、太平洋戦争時は、連合艦隊司令長官として真珠湾攻撃などを指揮。1943（昭和18）年、戦死。

写真：朝日新聞社

真珠湾攻撃

アメリカとの戦争を決意した日本は、アメリカの軍港があったハワイのパールハーバー（真珠湾）を奇襲攻撃。太平洋戦争が始まった

写真：PPS通信社

船が爆発してる～！

2章

ヤミ市で大もうけ

キレイな身なりをしたやつらは とっととおうちへ帰んなっ！
帰れって言われても
ボクたちどこへ帰ればいいのか……

おまえらもワケありか
……ついてこい
ジョー

*アメリカを主とする、イギリス、フランスなどの連合国と戦った

ワイ
ワイ

シッシッ
何見てる
あっち行け！
わっ

ヒドイ！
ボク何もしてないのにっ！
タバコスゴイな
戦災孤児は野良犬と同じ扱いさ
生きるために盗みをするやつらもいるからな

ほら
ドロボー!!
ダッ
テレビの中の世界みたい……

でも
オレは負けねぇ
いつかでかいこと
やってやるんだ!
キキーーッ
わあっ
ギブミー
ギブミー
チョコレッ
わっ
何どしたの?

ちょうだーい!
ギブミー チョコレッ
ワイ ワイ
ギブミー チョコレッ
チョコレート配ってるけど……
あいつらはアメリカ兵だ ああ言えばチョコをもらえるぞ
行くぞ!
え!?
知らない人からものをもらっちゃダメって お母さんが……
だってチョコくれるんだぞ? タクミ 今は非常事態だ
ゴーヤ入れればゴーヤちゃんぷるっていうだろ!
「郷に入っては郷に従え」でしょ

わーい チョコレートもらっちゃった
ルン ルン ♪
道でチョコレートもらえるなんて いい時代だなー
いい時代なもんか! 日本が戦争に負けたから あいつらに占領されてんだぞ!

よこせっ!!
ばっ
CHOCOLATE

あーーっ オレのチョコ！
ひとりじめするつもりかっ
ズルイぞ！
うるせぇ
小さいこと気にするな！
ねぇ 兄ちゃん
あの怪しいおじさんどこ行っちゃったの？
おじさんを見つけて元の世界に戻してもらおうよーー
そうだな…でも
顔もよくわからないし
すごく変わった腕時計してたくらいしか……
腕時計？
スタスタ
ミヤコ
いるかい？
ガラッ
あっ
ジョーくん
コレ…さっき
アメリカ兵が配ってたんだ

ありがとう ジョーくん
い…いや ついでだし…
ドキーン
さては あの子のコト スキだな?
ハハーン
ニヤ
バッ…バカ そんなんじゃねーや!! 何言って……
ボクは あの子が スキ なのです
顔に 書いて あるし
図星だな
みなさん寄っていって お茶いれるわ
何も ないけど…
ミヤコ
ジョーくん いつも食べ物を 持ってきてくれて 本当にありがとう

いや ホラ 前に ミヤコの 父ちゃんが戦死して 母ちゃんも病気だって 聞いたから…よ
ゴホッ ゴホ
ありがとう
この人たちは ジョーくんの 弟さん？
タクミです
ハルトです
オレたちは 兄弟だけど……
こいつとは 何も関係ない です
こいつだとー!?
キッパリ
そうなんだ 似てるから兄弟かと 思っちゃった
フフ
にてるー!? どこがー!?
うるせー
オレの家族は……

ドオオオオオオオオオオ
家族は空襲＊で
みんなやられた
今はオレ
ひとりさ
＊空襲＝飛行機から地上を爆弾などで攻撃すること
――そうなんだ……
やっと 父の遺品を
整理し始めたのよ
いつまでも
泣いていられないし…
そしたら
よくわからないものも
出てきてね 何か
つくろうとしてたみたい
なんだけど……
ふ――ん
ちょっと見せてもらっても
いい？

＊苛性ソーダ＝水酸化ナトリウムの別名。現在は劇物に指定されている。取り扱いは要注意

――では
つくるよ――
薬品は危険だから取りあつかいに気をつけて!
よし
あとは何かいいニオイのものを入れれば……
ねぇ
このお花なんかどう?
そりゃいいいね!
じゃん!!
できたっ!!
花せっけん!!
こいつは売れるぞ

ガヤ
ガヤ
よーし さっそく売りにいくぞ!!
オーッ
ここ市場？
にぎやかだな
ああ ヤミ市だ
ここに来れば何でも手に入る――
値段は高いけどな

どうしてそんな高いところで買うのさ？スーパーなら安いのに
うちの近所は火曜なら特売日だぜ
スーパー？なんだそりゃ？
くえるのか？
今の日本じゃ 決まりを守っていたら 米すらまともに手に入らない……
ガヤ
ガヤ
ここは違法な市場だけど生きていくには 高くてもここで買うしかないんだ！

*せっけんは、ヤミ市で、政府が決めた値段の200倍の値段で取引されていた

こりゃスゲェ
これだけあれば ミヤコの
母ちゃんを お医者に
連れていけるぞ!!
じゃらっ
いらっしゃい
いらっしゃ〜い
よかったね!!
せっけん
ちょうだい

さて 休憩するか
昼飯おごってやるよ
うどん
やったあ
ま 当然
だよな

おっちゃん
ナベ3つね
はいよー
ホントに
いろんな
お店が
あるねー
ああ
はらへったー

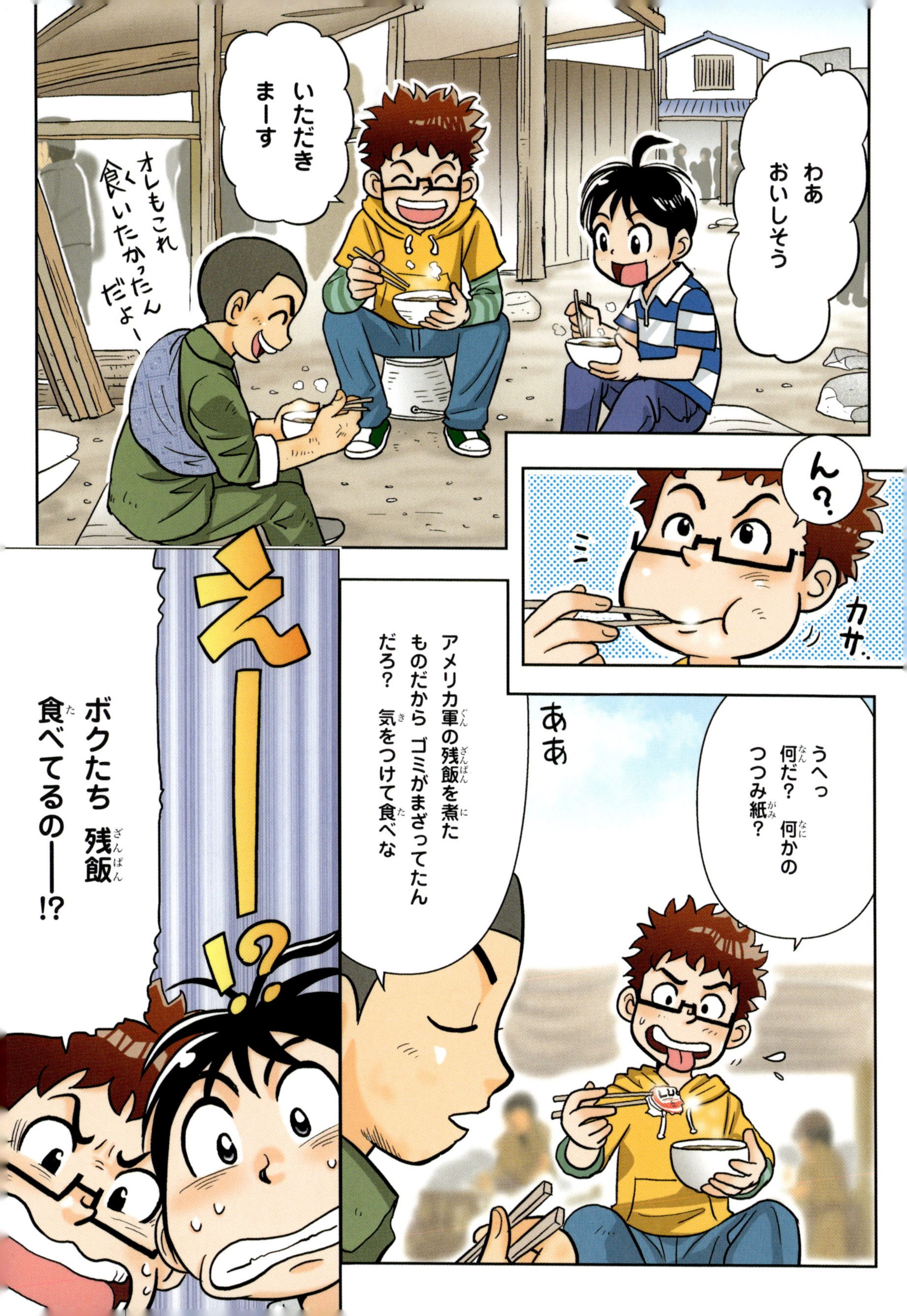
わぁ
おいしそう
いただき
まーす
オレもこれ
食いたかったん
だよー
ん？
カサ
うへっ
何だ？　何かの
つつみ紙？
ああ
アメリカ軍の残飯を煮た
ものだから ゴミがまざってたん
だろ？　気をつけて食べな
えーー!?
ボクたち 残飯
食べてるのーー!?

食べられないよりマシだろ?小さいこと気にすんな!
オレにとっちゃごちそうさ
どよ〜ん
そ…そりゃまぁ…
でも残飯だよ――
食欲が…
いたぞっ!!
ビンのフタ!
うわっ
オヤブンこいつらですよオレたちのナワバリを荒らしまくってるやつらは!!
このまえはよくも!
今日はヤミ市で大もうけしてやがったんですオレたちのナワバリで!!

ふーん……
おい
おまえたち
オレたちに許可なく
なーに勝手に商売まで
やっちゃってんの?
ずい
さあ
もうけた金を
出してもらおうか

戦時下の暮らしと敗戦

① お国のために！

戦争中は、人々の暮らしも厳しく制限されました。「欲しがりません勝つまでは」「ぜいたくは敵だ！」という標語がとなえられ、戦争に勝つためには、いろんな面でがまんすることが当然だとされました。

戦争が長引くと、物は自由に買えなくなり、だんだん食べるものも少なくなりました。人々は、どんどん激しくなる空襲におびえながら暮らしました。

ぜいたくは敵
食事や服装はもちろん、結婚式や葬式も質素にするよう求められた

パーマもダメ！
パーマをかけた人は、この町に入るなという立て看板

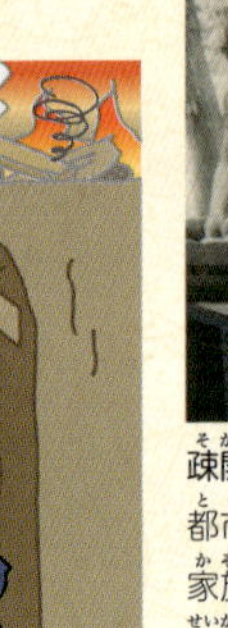

防空壕に逃げる
空襲から逃れるため、地面に穴を掘るなどして、防空壕をつくった。しかし、防空壕に逃げても、爆弾による火で蒸し焼きになって亡くなってしまうこともあった

疎開した子どもたち
都市への空襲が始まると、そこに住む子どもたちは、家族と離れて地方の農村に疎開した。写真は、集団生活中の疎開児童が洗濯をするようす

あかりを消して暮らす
夜にあかりをつけると、人がいることが敵の飛行機に知られ、空爆の目標になってしまうので、電灯を消したり黒い布でおおったりした。窓は爆風で割れたガラスが吹き飛ばないように、紙を貼った

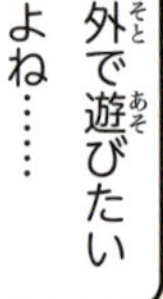

② ついに日本は降伏

太平洋戦争の最初のうちは、日本は各地で勝利を重ね、南方に勢力範囲を広げていきました。しかし、アメリカが戦いの態勢を整え反撃を始めると、日本はしだいに負け続けるようになりました。

東京、大阪をはじめ、日本中の都市が空襲による被害を受けました。町は焼き尽くされ、たくさんの人の命が奪われました。沖縄にはアメリカ軍が上陸し、激しい戦闘で県民の4人に1人が亡くなりました。

そして、1945（昭和20）年8月6日に広島に、9日に長崎に、人類の歴史上初めて原子爆弾（原爆）が落とされました。15日、*日本は降伏し、太平洋戦争は終わりました。

天皇の声で敗戦を知らせるラジオ放送（玉音放送）を聞く人々
昭和天皇が自らの声（録音）で、8月15日に日本の降伏を伝えた

*日本の降伏をもって、第2次世界大戦も終わった

原爆のキノコ雲
広島に落とされた原爆のキノコ雲

原爆投下直後の広島
中央の建物は、核兵器の恐ろしさを伝える建物として現在もほぼそのまま残され、「原爆ドーム」と呼ばれている

もの知りコラム

アジアの国々にも被害を与えた

太平洋戦争で、日本国内はじん大な被害を受けましたが、戦場になったアジアの国々に、日本はたくさんの被害や苦しみを与えました。また、日本が植民地としていた台湾や朝鮮半島の人々も、日本の戦争に巻き込まれました。

写真：すべて朝日新聞社

3章
おじさんは怪人二十世紀!?

ケッコ
わっ
バサバサ
コケッ
わわわわ
あー
ぴょーん
がくん
ドダダ
ドガ
ド
ドン
ドン
コラァ！
うへへへへ
追いついたぞ——っ
わあぁ

ぺちゃ
ズドッ
次は何を買おうかしら
うおっ
あの横丁行ってみない?
ぷちゃ
ちょっと おなかもすいたわよねー
くちゃ

こっちよ!
あっ!! せっけん買ってくれたおばさんっ!!
ありがとう
ワイワイ
なにー?
コワーイ
ジタ
バタ
早くどきやがれ!!

ふーっ……
助かった…
なんとか
逃げ切れた
な
じゃ
オレちょっと
この金をミヤコに
届けてくるよ
まっててくれ
OK
わあっ
なっ……
なんだ?
さあさあ 寄ってらっしゃい
見てらっしゃい

おぼっちゃんも おじょうちゃんも
よい子も 悪い子も
すみからすみまで ずずずい
――――っとごらんあれ！
黄昏バット
本日も
「黄昏バット」の
始まり始まり〜〜
あっ
紙しばいだ！
ん？
あ――きみたち
お菓子を買わない
子には見せないよ
行った 行った
えーっ
そんな かたいこと
言わずに
ダメダメ
あっち行った
しっしっ！
黄昏

ん？
あの
時計は
ー
あの時の 怪しい
おじさんだ――!!
えっ
ホント!?
あっ！
おまえらは――…
はやくー
ちょっと おじさん!!
オレ こんな昔に来るつもり
なかったんだけど!!
そうなんだよ
いやぁ…
思ったより
昔に来すぎ
ちゃってよ……
黄昏バット
だいたい
おじさん だれなの!?
ああ まだ自己紹介
してなかったか
ある時はイカした仮面の紳士
またある時はダンディーな紙しばい屋……
しかして その実体は――…

＊世紀＝100年ずつを単位とする、年代の数え方。「20世紀」は1901～2000年で、2001年からは「21世紀」

それより
ぼうやーー
例の契約
忘れちゃいないだろうな?
け……
契約……
あの男です
怪しいやつは!
オイ!
きさま!
タタタタッ
ちっ
マズイ
とにかく
一緒に来い!
いいから
早くうんち
もらす前の日に
戻してよーー
ダッ
ザワッ
うんち
うんち
もらしたの?
あの子
イヤ～

――東京・銀座
ワイ
ワイ
ガタタン ゴトトン
なっ…!?
祝日本國憲法施行記念
なんだ!? この騒ぎは
おまえさん 知らないのかい? 憲法が新しくなったのさ
ケンポー?

ガトトン
祝日本國憲法施行記念
なるほど…だから花電車のパレードでお祝いしてるのだな
ガトトン
ジャン・ケン・ポーイ
あいこでショ!
それはじゃんケンポイ

ワイ
ワイ
もう二度と戦争しないんだってよ
男女の権利も平等になるのね!!
ふーん
なんかあたりまえのこと言ってるなー
やや!
マズイぞ あいつが近くにやってきやがった!
ピコッ
ピコッ
あいつって!?
コワイの?
コワくはないが……めんどくせえやつよ
早く人目につかないところへ行ってタイムスリップしなくては!
キョロ
キョロ
うんちの前にね! うんちの前!
——こんな時代に来ていたのか……
今だってうんちの前だろ
前すぎるよー
ピッ
1941 May

よーし このあたりで いいだろう
クリ クリ
次の時代は――…
そこまでだ!!
ついに見つけたぞ!! 怪人二十世紀!!
おっ おまえは!
タイムパトロール・ジロー

タ……
タイムパトロール・ジロー――!!
おとなしくおなわにつけ!
べーっやなこった
なんかまたへんなの出てきたぞ
ジローーって…
タイムパトロールって?
でもちょっとカッコイイかも…
さあ? 未来の警察かなんかじゃね?

その子たちを
どうするつもりだ!?
二十世紀!!
スタッ
いちいち決めポーズ…
べつに どうこうする
つもりはないけどね
いろんな時代を一生懸命
サバイバルしている
人たちと出会って
ちょいと冒険
させてやってるだけ
よ
それに契約も
したしな
ニッ

契約!? なんだそれはっ
ヒーミーツ!
さぁ
今度こそ行きたかったところに行くぞ! さっきは 急にひとり増えたからビミョーに時代がくるっちまったんだ
ファサ
あっ オイ 待て!
ピカッ
し……しまった
逃したか!!
フゥウウン

連合国に占領された日本

①マッカーサーがやってきた！

戦争が終わってすぐ、アメリカのダグラス・マッカーサーを最高司令官とするGHQ（連合国軍最高司令官総司令部）による日本の統治が始まりました。GHQの目的は、日本が二度と戦争しないようにすることでした。そのために、軍隊を解体し、軍国主義を改めて、アメリカと同じような民主主義国家にすることを推し進めました。

昭和時代のキーパーソン 3

戦後、日本を統治した

ダグラス・マッカーサー

★生没年 1880～1964年

アメリカの軍人。戦後、GHQの最高司令官として、日本の占領統治にあたり、日本の民主化を推進した。

写真：PPS通信社

もの知りコラム

人気者になったマッカーサー

太平洋戦争に負けて、日本の国民は、これからどうなるのかと不安でいっぱいでした。しかし、マッカーサーの民主化政策を知るにつれ、マッカーサーを「青い目の大君」（「大君」は将軍のこと）と呼んで、したうようになりました。

マッカーサーが日本を去る時には、沿道でたくさんの人が別れを惜しみました。

日本に到着したマッカーサー
飛行機から降り立つマッカーサー。大きなパイプがトレードマークだ

もの知りコラム

戦勝国が、A級戦犯を裁く「東京裁判」

戦後、東京で日本の戦争責任を問うための裁判（極東国際軍事裁判）が、戦勝国によりおこなわれました。「東京裁判」と呼ばれています。

この裁判により、元首相の東条英機など、7人が、戦争を指導したとして死刑になりました。

死刑判決を受ける東条英機

マッカーサーの五大改革指令

1　**女性の参政権を認める** 女性が選挙で投票したり、立候補したりすることができるようになった
2　**労働組合の結成を奨励する** 労働者が一致団結して、雇い主と交渉できるようになった
3　**教育制度を改革する** 9年間の義務教育、男女共学などが定められた
4　**秘密警察などの廃止** 言論の自由、政党結成の自由などが認められた
5　**経済のしくみの民主化** 地主から強制的に農地を買い上げ、土地を持たない農民に安く売った

女性も選挙に参加
1946（昭和21）年におこなわれた戦後初の総選挙では、39人の女性議員が誕生した

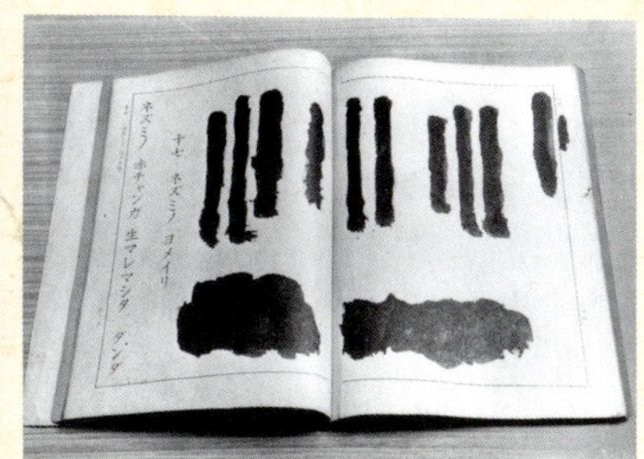
墨を塗った教科書
教科書の中で戦争をほめたたえている部分や軍国主義的な内容を、先生の指示にしたがって墨で塗りつぶした。この写真の墨を塗った部分には、「兵タイゴッコ」というお話が載っていた

学校も男女共学に
戦前は、ほとんどの学校で男女別々に教育されていたが、戦後、公立学校は男女共学になった

写真：クレジットのないものは朝日新聞社

4章 キミはボクのおじいちゃん!?

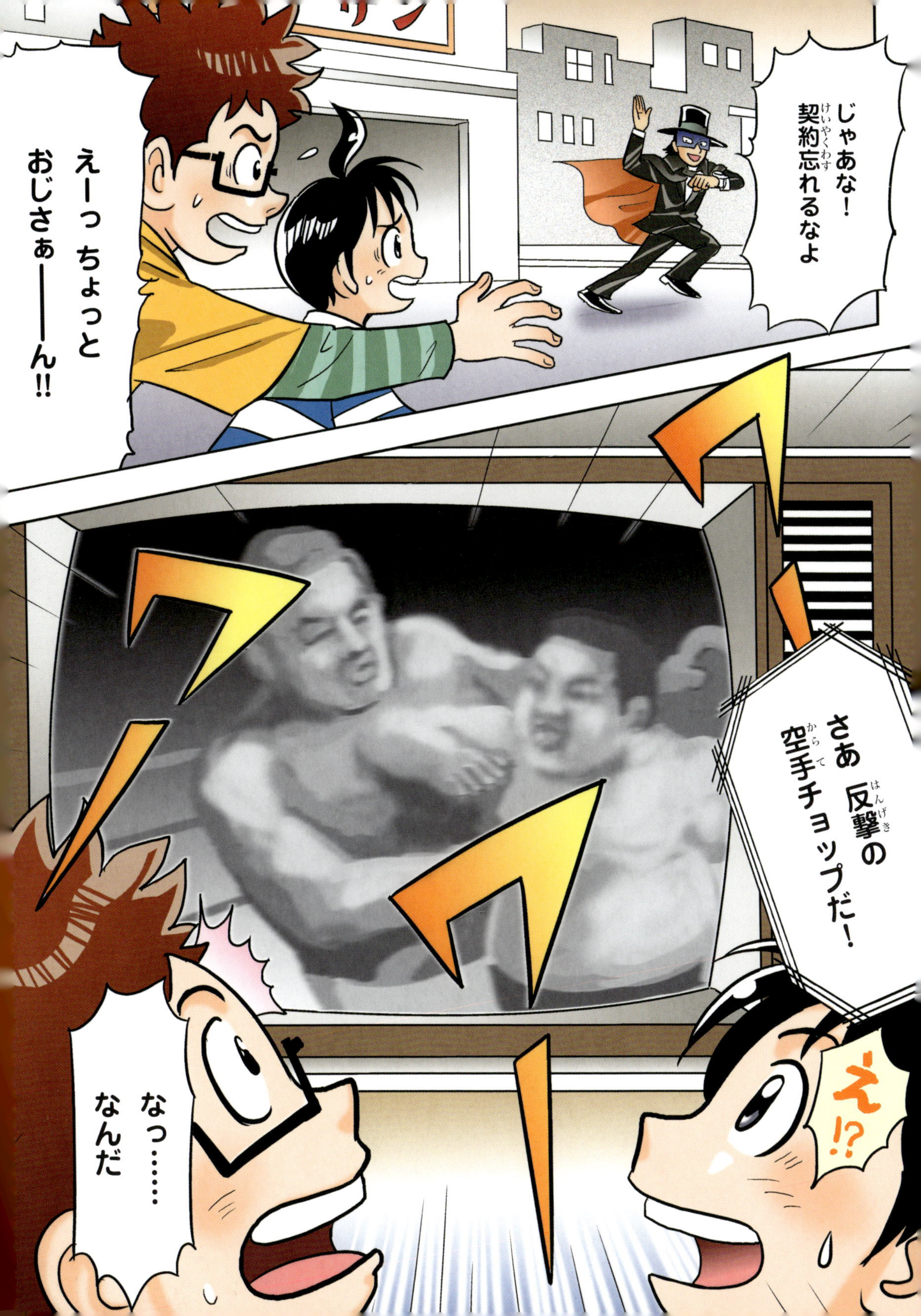
じゃあな！
契約忘れるなよ
えーっ ちょっと
おじさぁ―――ん!!
さあ 反撃の
空手チョップだ！
え!?
なっ……
なんだ

プロレス??
じゃまだーーそこどけーーー!!
見えねーぞ
わっ

ひっこめー
わー
ごめんなさ
――い
なんてところに
タイムスリップ
したんだよ～
あはははは
もー
おまえたち
街頭テレビ＊の
プロレス観戦を
じゃまするとは
いい度胸してるな
べつに
じゃまする
つもりでは……
＊街頭テレビ＝テレビが高価だった時代、人の集まる場所に設置され、無料で見ることのできたテレビ
あれ？　おまえたち
どこかで見たような……
城電気
え？
あっ！
もしかして――

ジョー!!
急にかっこよくなって
どうしたのさ!?
やっぱり おまえたちか!
ハルト! タクミ!
10年ぶりぐらいか?
ちっとも変わってないな
髪がのびてる!
城電気
ここはあれから
約10年後の日本
なのか……
城電気
電気工事屋さ!
これからの時代は
電気だからな!
ジョーは
電気屋さんに
なったの?

＊新しい電波塔（東京タワー）の名前募集で、いちばん応募が多かったのが「昭和塔」だった

ははは　よし！
電気工事の代金をもらった
とこだ オレがごちそうして
やるよ
やった――
っと…いけね
もうひと仕事
すませたら
な
これからミヤコんち
行くんだ　ついてこいよ
え……!?
ここがミヤコちゃんの家？
そうだ
建て替えて
キレイになったろ？

いや…ってか……
兄ちゃん ココ
……
ああ
ボクたちの家だよっ
そういえば
おばあちゃんの名前……
ミヤコだ！
死んだおじいちゃんの
名前は——……

ジョ――――!!
おじいちゃん!!
あ?
だーれが
おじいちゃん
だって?
オレはまだ22歳だぞ!
ごちそういらない
ようだなっ!
わ――
いります
いります〜
いいか タクミ!
二度とおじいちゃん
って呼んじゃダメだぞ
いらないこと言うなよ
わ…わかったよ…
なに〜〜!?
いらねえだとオ!?
わーん
いります〜
食べたい
です〜

――って……
えっ？
いりませんッ！
帰ってください！
ほお　上等だな
オレは今日　刑務所を出た
ばかりでねぇ　買って
くれるまで帰らねえよ
おい　おまえ!!
押し売り＊だなっ！
もっと真っ当な商売
したらどうだ!!
なっ　なんでぇ
てめえは……
ジョー――！
オレたち若者が
新しい日本を引っ張って
いくんじゃないか!!
こんなくだらない
ことしてちゃダメだ!!
……
兄ちゃん
あの人…もしや
ヤミ市の……
金を
出せ!!
うん
うん
＊押し売り＝ほしくない物を無理やり売りつける人

＊1950年代の初めに、ヤミ市はなくなった

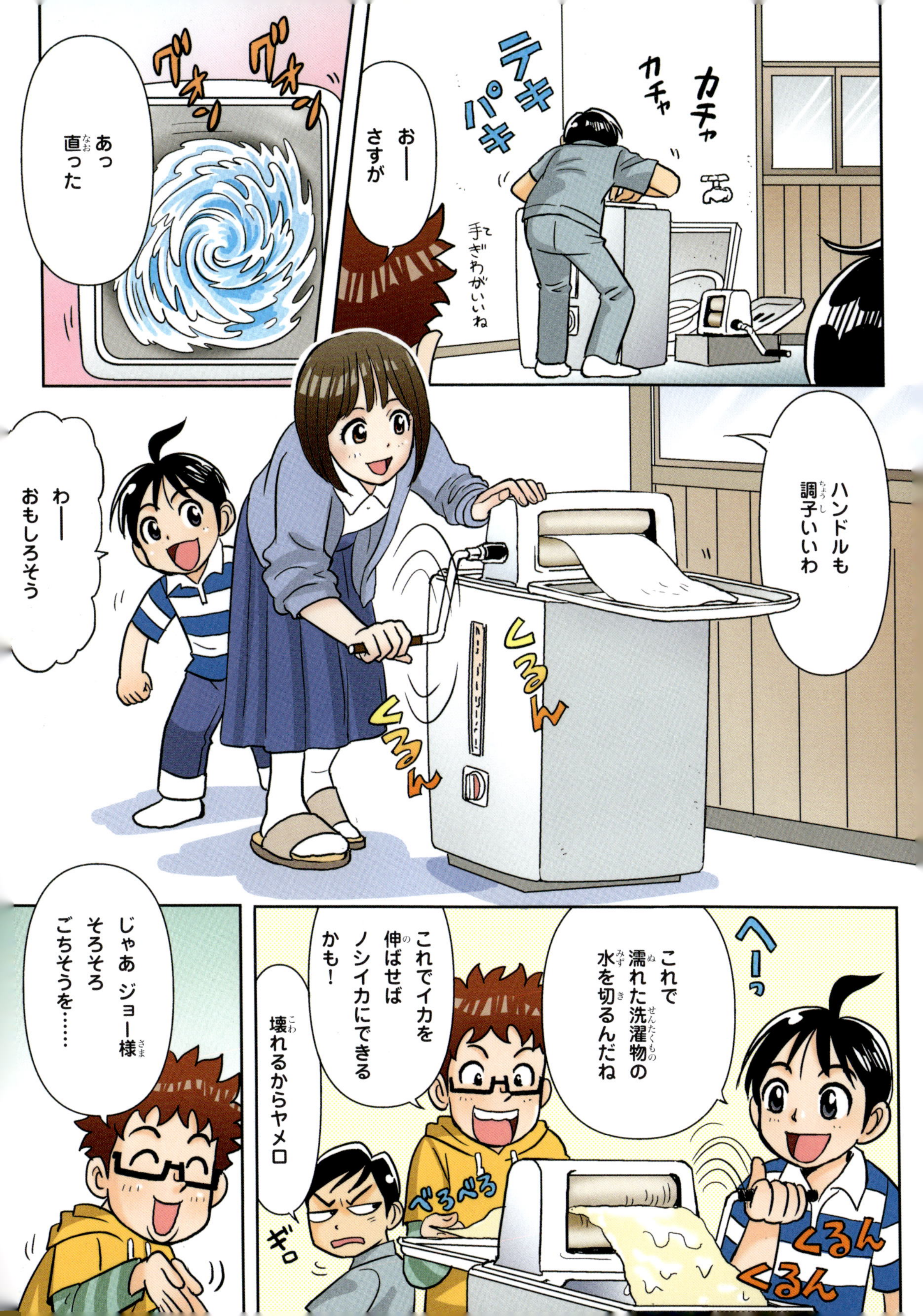
カチャ
カチャ
テキ
パキ
手ぎわがいいね
おー
さすが
グォン
グォン
あっ
直った
ハンドルも
調子いいわ
くるん
くるん
わー
おもしろそう
へーっ
これで
濡れた洗濯物の
水を切るんだね
これでイカを
伸ばせば
ノシイカにできる
かも！
べろべろ
壊れるからヤメロ
ギロ
くるん
くるん
じゃあ ジョー様
そろそろ
ごちそうを……

＊最初の即席ラーメンは1958年に発売された

ごはん待つあいだ テレビ見てても いい？
あっ 楽しみ〜
うちはまだ 「三種の神器」が そろってないのよ
？
三種の神器 って？
電気洗濯機・テレビ・電気冷蔵庫のことさ！ 暮らしを変える 三種の神器！
白黒テレビ
うちにあるのは 洗濯機だけ
電気冷蔵庫
電気洗濯機
オレたち 一般庶民には 高嶺の花 さ〜〜
ジョーは電気工事屋さん なんだし テレビ くらいプレゼント したら？
ああ… いつかな！
そのうち みんな あたりまえの ように テレビを見られる日が 来るはずさ！
おっ そうだ！
うん！ そうだね

ヒマなら
この本でも読んだら
いい
大人気なんだも
「少年」!?
マンガ雑誌かな?
少年
バサッ
あら
わたしが勤めてる
デパートのチラシが
はさまってる
ミヤコちゃんデパートで
はたらいてるんだー
世紀の奇術師来たる!!
玉島屋デパート
屋上に参上!!
あっ

にっ…兄ちゃん これ見て!!
おっ! 奇術だって おもしろそーー
ちがうよ! この時計!!
あーーーーっ 怪人二十世紀!!
どうしたの?
ボクたち この人を捜してたんだ!
このショー やるの いつ!?
明日だ
ちゅるるる
もう食べてる…
しかも ひとりで…

終戦後の人々の暮らし

① 焼けあとからの出発！

戦争は終わりましたが、日本の都市の多くが焼け野原となりました。住む場所を失った人たちは、防空壕のあとや、ありあわせの材料でつくった仮設小屋（バラック）で暮らしました。物の不足は戦時中よりも深刻で、食べるものや着るものにも困る生活が続きました。

焼け野原の東京
空襲で焼け野原となった東京で、ドラム缶の風呂に入る人

たるに住む
大きなたるの中に住む人も現れた

もの知りコラム

戦災孤児が町にあふれた

戦争で両親を失ってひとりぼっちになった子どもがたくさんいました。そのような子どもたちを戦災孤児といいます。親戚にひきとられたり、収容所に入れられたりする孤児もいましたが、行き場がなく、路上で生活する孤児もいました。

孤児たちは、靴磨きをしたり、タバコの吸い殻を拾って売ったり、なかには集団で泥棒をするなどして、なんとか生き延びていました。しかし、飢えや寒さで、多くの孤児が命を落としました。

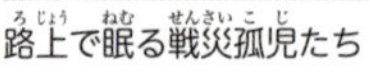

路上で眠る戦災孤児たち

② ヤミ市と買い出し列車

食料や日用品は、ひとり当たりに決められた量や数を国から配られる決まり（配給制）でした。しかし、量が少ないうえ、配給も遅れがちでした。そこで人々は、ヤミ市と呼ばれる違法な市場に足を運んだり、農村に買い出しに行ったりして、食料など、生きるために必要なものを手に入れていました。

ある裁判官は、法律を守って違法な手段で食べものを買わず、配給だけで生活していましたが、栄養失調から病気になり、亡くなってしまいました。

ヤミ市
違法なルートで手に入れたものを売っている市場。値段は高いが、ここに来れば必要なものが手に入った

買い出し列車
地方の農村に食料を求めて買い出しに行き、東京に帰る人々。お金や着物、宝石などを、食べものと交換した

写真：すべて朝日新聞社

5章（しょう）
デパートの屋上（おくじょう）で

いらっしゃいませ——
うわぁ
スゲー
あ 来た来た
ハルトくん タクミくん こっちこっち!!

屋上へは エレベーターが速いわよ
チーン
もうすぐくるわよ
ミヤコちゃん エレベーターガールなんだ
わーー かっこいい

ガーーッ

バッ
びちゃ
どしんっ
わっ
ああっ！
ザワッッ
おい こぞう！
どうしてくれるんだ？
ぼっちゃん
背広にジュースが
あっ ごめんなさい
よけては
いたんだけど

お客様
申し訳ございません
そのバカなガキどもは
このデパートに
似つかわしくないな
この子たちは
悪くありません！
お言葉ですが
お客様も ジュースを持って
混んだエレベーターに
お乗りになるのは
いかがなものでしょうか
なんだと――!?
僕が悪かったというのか
め…めっそうも
ございませんっ!!
すっ……
すみません
ボクたちを
かばってくれるのは
ありがたいけど…
ミヤコちゃん
ひと言多いんだから…

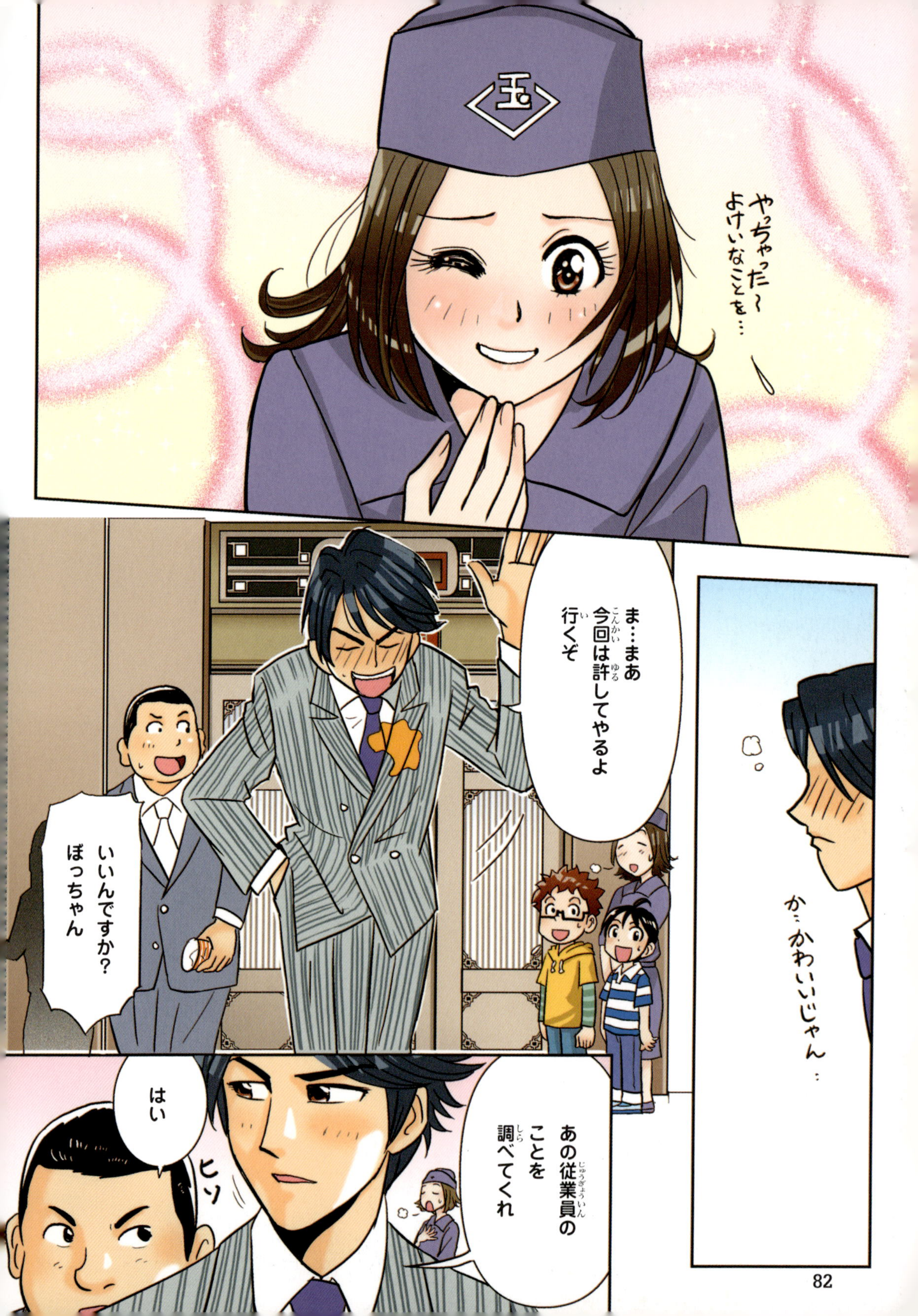
やっちゃった～
よけいなことを…
ま…まあ
今回は許してやるよ
行くぞ
いいんですか？
ぼっちゃん
か…かわいいじゃん…
あの従業員の
ことを
調べてくれ
はい
ヒソ

ミヤコちゃん無事にすんでよかったわね
あの人うちの社長の息子よ
え――っ!?
早く言ってよう
どうしよう～～
――屋上
奇術ショー
TAMASHIN
わ――遊園地みたい
屋上にこんなのがあるんだ～
ちょっと遊んでいくか?

奇術ショー
さあ 本日も すばらしい奇術を お目にかけましょう
とくと ご覧あれ
パタパタ
ジャッ
セーキ!!
ぱっ

パチ…
パチ…
HIMAYA T
それ 前にも 見たー
もっとスゴイの やってー 体が切られても また戻るやつとか

どの時代でもなまいきな子どもはいるんだな
そんなマジックできたらオレがおどろくっつーの
見つけたぞ怪人二十世紀!!
オレたちを元の世界に帰せ!!
なんだなんだっ
おおっ! アレは手に入ったのか?
アレ? ああ…… いや……まだだけど
っていうかなんだったっけ?
どだっ
なんだよ～
ざわ
なんかいつものショーとちがうな
おもしろくなってきたぞ
ざわ

ったくぅ
だーかーらー例のものを持ってきたらっていう契約だっただろ?
そうなの?
あ…そういえば…
もうおまえひとりにはまかせておけん!
がしっ
ザザッ
来い!
ふわり

にっ……
兄ちゃんっ!!
わわわわ

さらばー
一度やってみたかったんだ
カァ
タクミ〜
兄ちゃーーーん!!
アドバルーン*で空を飛んでるー!!
スゲー
オオー
はじめてみたー
*アドバルーン＝広告をつり下げた気球

おおー
いいぞいいぞ
パチ パチ
パチ パチ
ワー
拍手してる場合じゃなーい!!
オーィ
タクミ! すまん 遅くなった! あいつは見つかったか?
ジョー たいへんだよォ 兄ちゃんが連れていかれちゃった〜〜〜
ふわ
ふわ
ホントかよ…
あんぐり

日本国憲法が生まれた！

① 新しい憲法をつくる！

GHQは、日本が民主的な国になるためには、新しい憲法が必要だと考えました。そこで、日本政府は、GHQがつくった憲法の案をもとにして、新しい憲法をつくりました。これが、現在の日本の憲法である「日本国憲法」です。

日本国憲法は1946（昭和21）年11月3日に公布、翌年の5月3日に施行されました。現在、11月3日は「文化の日」、5月3日は「憲法記念日」として、国民の祝日になっています。

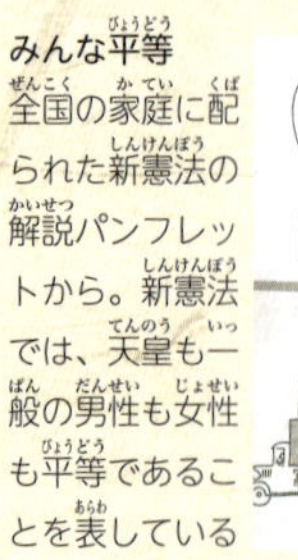

新憲法の紙芝居
新憲法の内容を国民に知らせるために、憲法音頭やカルタなど、さまざまなものがつくられた。紙芝居もそのひとつ

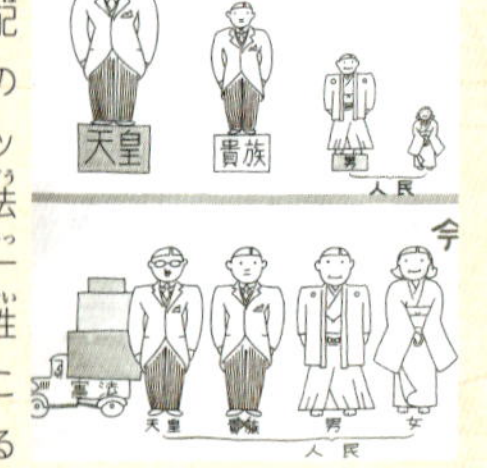

みんな平等
全国の家庭に配られた新憲法の解説パンフレットから。新憲法では、天皇も一般の男性も女性も平等であることを表している

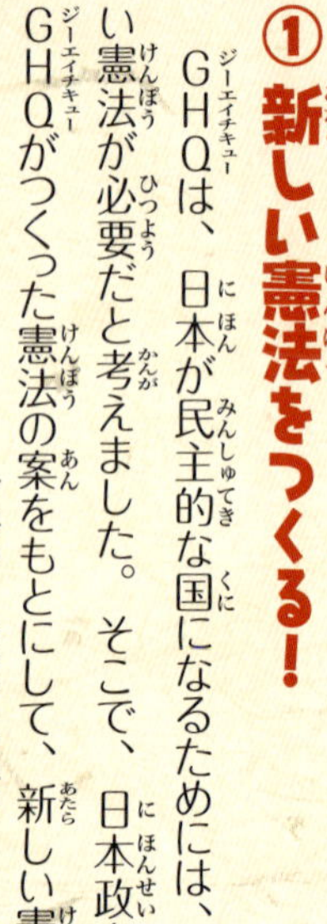

もの知りコラム

それまでの憲法とどう違う？

それまでの憲法は、明治時代にできた「大日本帝国憲法」でした。新しい憲法は、どこがどのように変わったのでしょうか？

それまでの憲法		新しい憲法
大日本帝国憲法 1889年2月11日発布		日本国憲法 1946年11月3日公布
天皇	主権	国民
国を統治する存在で、議会や内閣に承認されなくても議会の解散などができる	天皇	国の象徴で、政治上の権力はない
天皇が率い、国民には兵士になる義務がある	軍隊	軍隊を持たず、戦争を放棄する
法律の範囲内において、言論、集会、信教の自由などを認める	国民の権利	すべての国民は生まれながらにして、いかなるものにも侵害されない権利を持つ

昭和時代のキーパーソン 4

「神」から「国の象徴」へ

昭和天皇

★生没年 1901～1989年

1926（昭和1）年に即位。アメリカとの戦争には消極的だったという。戦後、「人間宣言」をして、天皇の神格化を否定した。

もの知りコラム

「日本国憲法」ってどんな憲法?

「日本国憲法」は、3つの大きな柱を持っています。それは、「国民主権」「基本的人権の尊重」「平和主義」です。この3つの原理に基づいて、さまざまな制度も定められました。たとえば、基本的人権に基づく男女平等の考えによって、結婚は原則、本人同士の合意で自由にできることや、兄弟姉妹が平等に財産を相続できるようになりました。また、民主主義の教育を基本として、小中学校（9年間）を義務教育にすることも定められました。

国民主権▶

国民が自分たちで責任を持って、国の進む方向を決める。そのために、選挙で国民の代表を選び、国会で国のことを話し合う

◀基本的人権の尊重

一人ひとりが大切にされ、平等に生きる権利など、人間が生まれながらに持っている基本的な権利を守る

平和主義▶

二度と戦争はしないこと、軍隊を持たないことを決めた。右の図は、中学生用の教科書として配られた「あたらしい憲法のはなし」のイラスト。戦闘機や軍艦を溶かして、鉄道や船をつくっている

オレたちみんな平等だぜ!

写真：すべて朝日新聞社

6章(しょう)
東京(とうきょう)タワーで大(だい)ピンチ

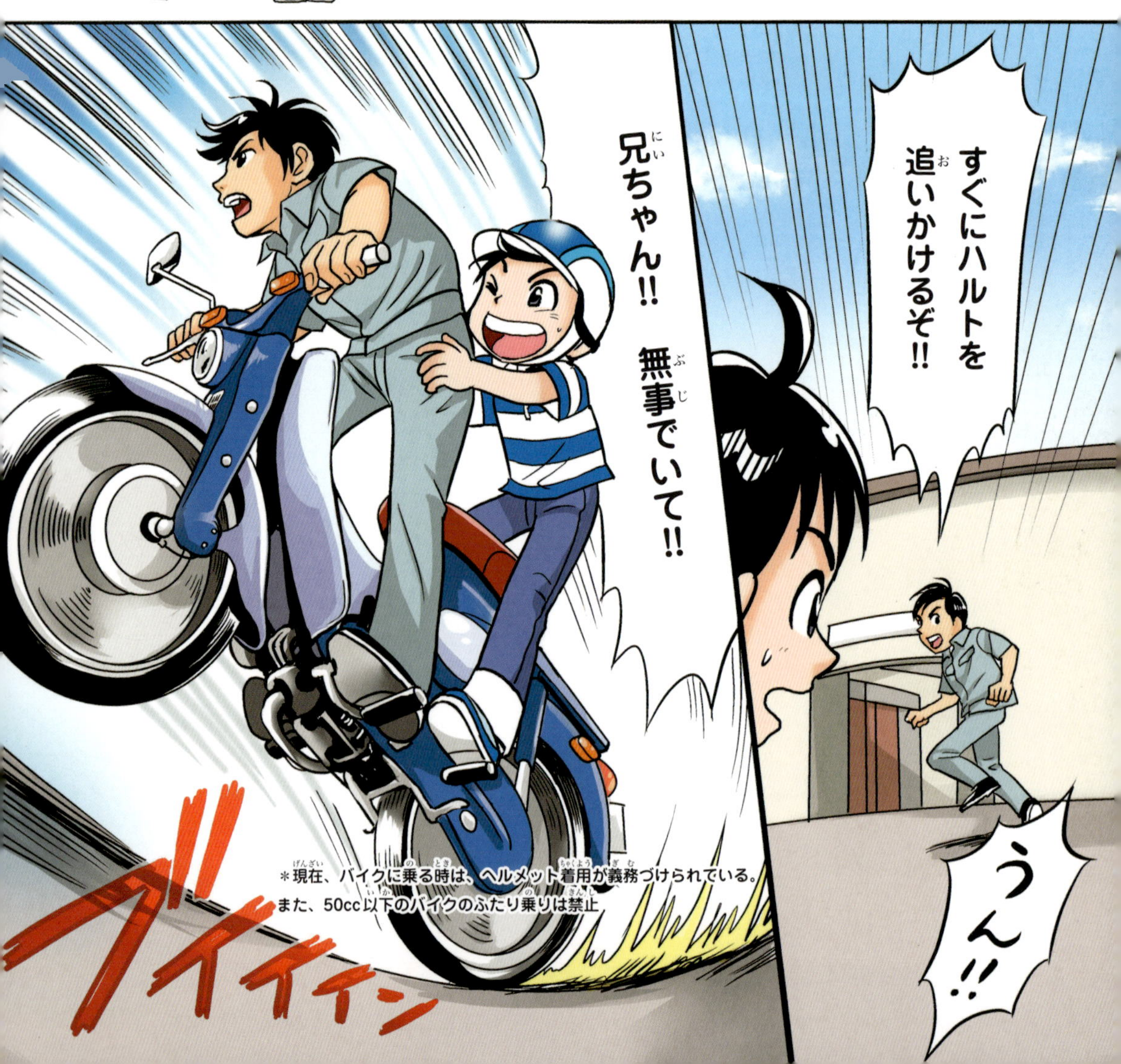

カァ
ふわり
ふわり
カァ
カァ
……でも
パッ
あっ
いい景色だね——

まずい
えっ

落ちる
えーーっ

ぷしゅ〜
カァ
カァ
カラスのやつ〜〜!!
わわわわ

わあああああ
ぶつかる〜〜!!

どっ……
どうする
どうする
ゴソ
ゴソ
な……
何かない
か……
ひゅううううう
ぱあん
ああああああ

ぷら――ん
ぷら――ん

持ってよかった……
びよーん
ゴムひも……

ブイイン
あっ
兄ちゃんたちが東京タワーに!!
ぶらさがってるー
怪人二十世紀め許せん!!
ジョー
ありがと
オレだってまだ上ったことないのにっ!
ズルィ
そっちか…
つかまってろ!急ぐぞ!!
ブイイイ〜ン

とりあえずは落ちずにすんだが……
びよーん
ぷらーん
さて…どうするか
ちょっととびうつれないなー
助けを呼べばそのままつかまってしまうしな……
あの〜おじさん
怪人二十世紀様と呼べっ
怪人様……おしっこ
ガマンせーーーい!!

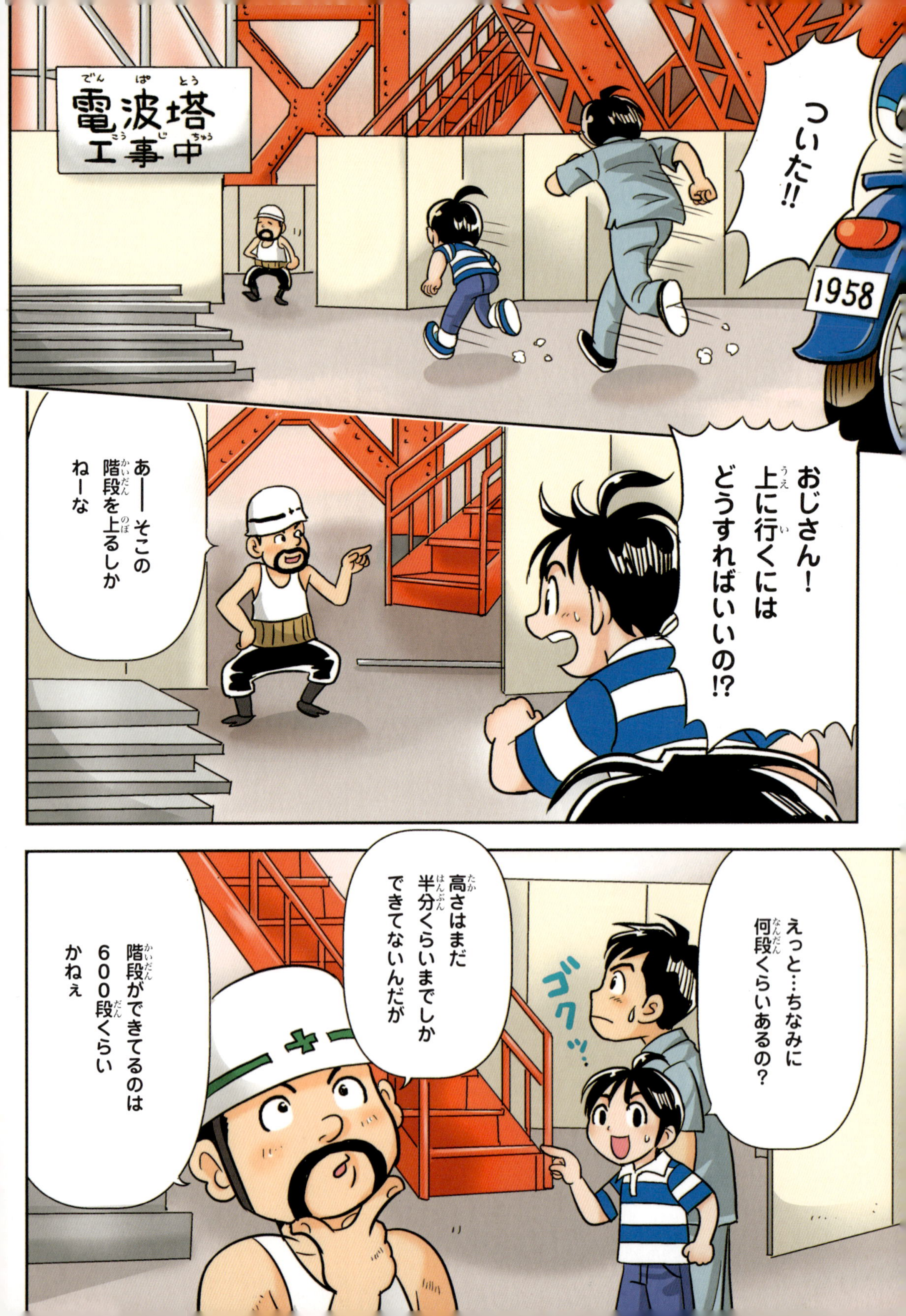
電波塔工事中
ついた!!
1958
おじさん!上に行くにはどうすればいいの!?
あーー そこの階段を上るしかねーな
えっと…ちなみに何段くらいあるの?
ゴクッ…
高さはまだ半分くらいまでしかできてないんだが
階段ができてるのは600段くらいかねぇ

600段……

あ～～すごくトイレに行きたくなってきた～～
わーーっ
ユラ
ユラ
ハッ！
わっ
ジタバタするなーーっ
うんちマンだけじゃなく
おしっこマンとも呼ばれるぞーーっ
モジ
モジ
ガマンするっ！
よーし それでいい！

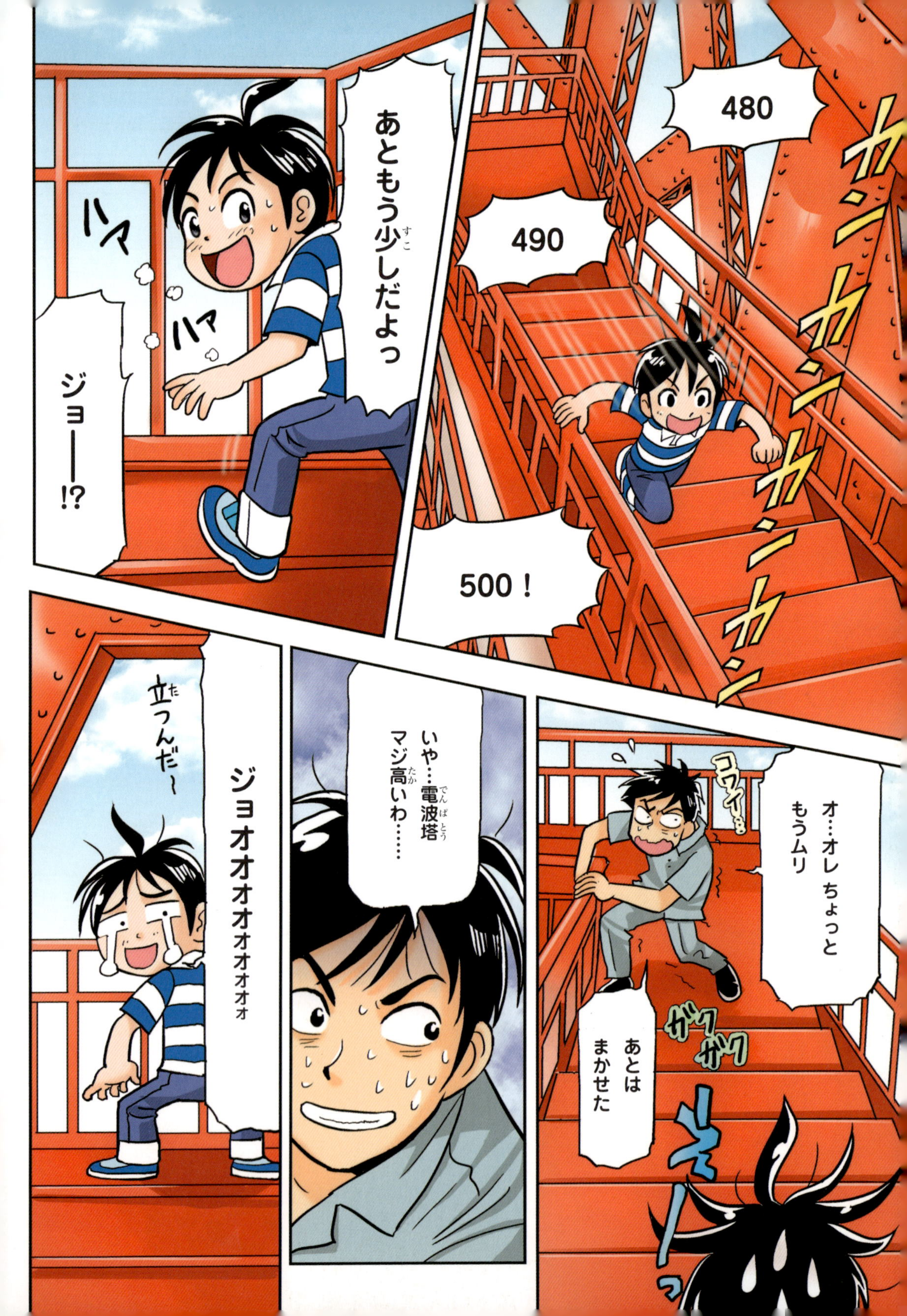

カンカンカンカンカン
480
490
500！
あともう少しだよっ
ハァ
ハァ
ジョーー!?
オ…オレちょっと
もうムリ
コワイ
あとはまかせた
ガクガク
えー！っ
いや…電波塔マジ高いわ……
ジョオオオオオオオオオオ
立つんだ～

ヒョオオオオオ
……オレ ぼちぼち限界に
実は……わたしも
兄ちゃん!!
あっ タクミ!!
あ

いけねっ！安心して ちょっとチビった
アワアワ
わっ バカ 揺らすな
兄ちゃん
ジタバタ
ゆら――ん
ブチブチ
ブチブチ
あ
い
う
え
ガクン
ガクン

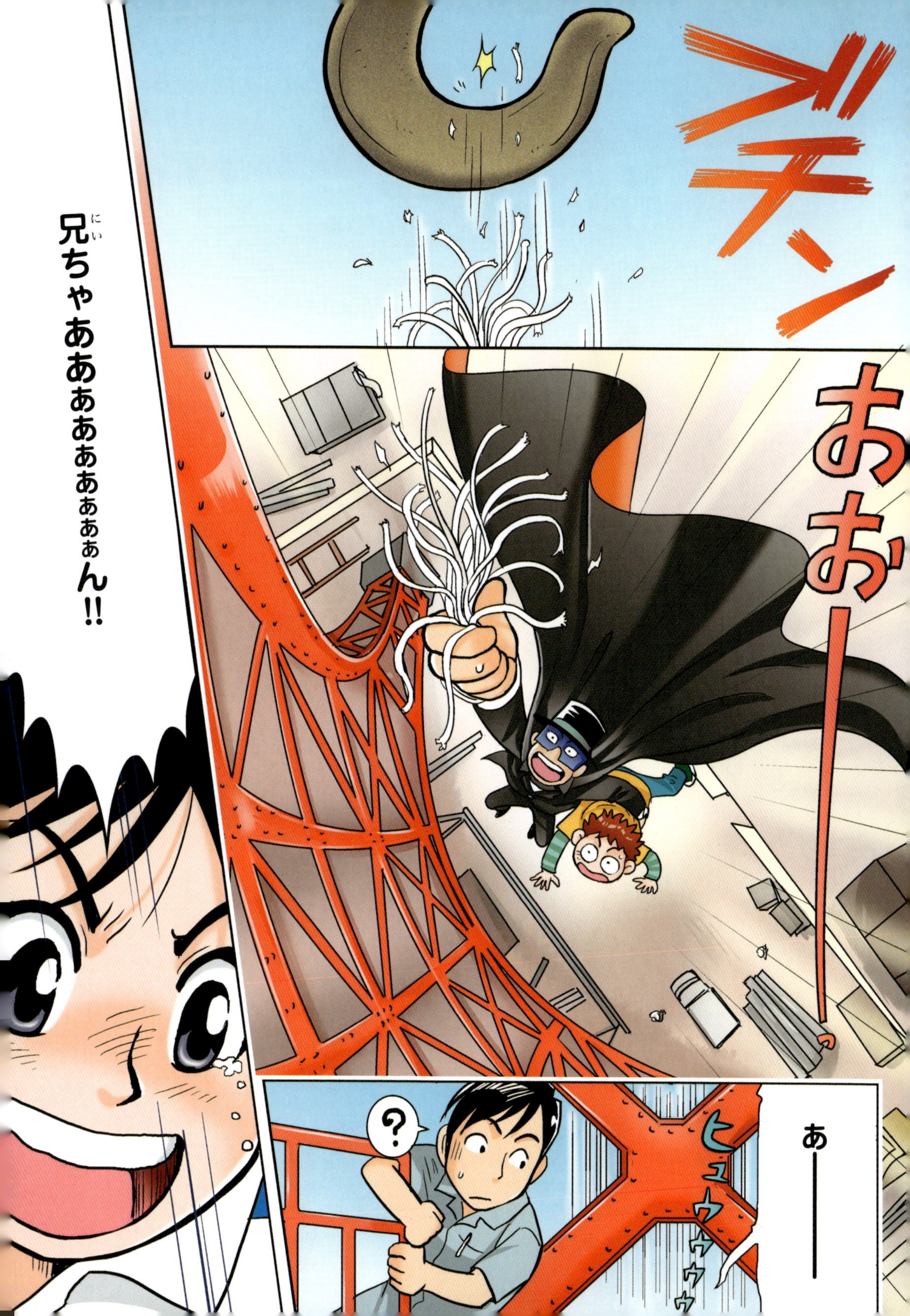
ブチン
おおーーっ
兄ちゃあああぁぁぁぁぁん!!
あーー
?
ヒュウウウウ

日本、ようやく独立回復へ！

①ようやく独立が回復できた

戦後、日本は戦争に勝った連合国に統治（支配）されていました。戦争が終わって6年後の1951（昭和26）年、アメリカのサンフランシスコで会議がおこなわれ、日本は、アメリカ、イギリスなど48カ国と戦争の講和条約を結びました。この条約は、会議がおこなわれた場所の名をとって、「サンフランシスコ平和条約」と呼ばれています。

この条約によって、連合国の支配は終わり、日本は再びひとつの独立国として認められました。

平和条約にサインをする、当時の首相・吉田茂（左）

もの知りコラム
吉田のトイレットペーパー

サンフランシスコの会議の席で、日本代表の吉田茂首相は条約を受け入れる演説をしました。その時に吉田首相が持っていた原稿は、長～い巻紙。じつは、*1初めに用意された演説の原稿は英語でした。しかし、吉田首相の側近の白洲次郎が「日本が国際社会に復帰する演説が英語なんてとんでもない」と言い、日本語の演説に書き直させたのです。できあがった巻紙の原稿は30mにもなり、外国の記者たちは、「トイレットペーパーのようだ」と言ったそうです。

ちょっと長すぎない？

＊1 日本語にしたのは、アメリカ側の要請だったとする説もある

② 「日米安保条約」も結んだ

世界の国々と平和条約を結んだ同じ日、日本はアメリカ（米）と「日米安全保障条約（安保条約）」も結びました。これは、日本にアメリカ軍の基地を置くことを認める条約です。

この頃、アメリカとソ連（現在のロシアなど）は対立し、互いに自分の陣営に世界の国々を引き入れようとしていました。このような武力を使わない対立を「冷たい戦争（冷戦）」と呼んでいます。アメリカが日米安保条約を結んだのは、地理的にソ連の近くに位置する日本を、独立回復後も自分の陣営にしておくためでした。

もの知りコラム
沖縄の復帰まで20年かかった！

日本が独立を回復したあとも、*2沖縄はアメリカに統治されたままでした。アメリカに統治されていた頃は、通貨はドルで、車の交通も、アメリカに合わせて右側通行でした。沖縄は、「サンフランシスコ平和条約」が発効してから20年後の1972（昭和47）年、ようやく日本に復帰しました。

＊2 沖縄以外に、トカラ列島、奄美群島、小笠原諸島も、アメリカの統治が続いた。トカラ列島は1952（昭和27）年、奄美群島は1953（昭和28）年、小笠原諸島は1968（昭和43）年に日本に復帰した

昭和時代のキーパーソン 5
戦後の日本を導いた首相
吉田 茂

★生没年 1878～1967年
外交官、政治家。1946（昭和21）年に首相に就任。1954（昭和29）年まで、合計7年間首相をつとめ、占領期から独立期の日本の政治を担った。

昭和時代のキーパーソン 6
「従順ならざる唯一の日本人」
白洲次郎

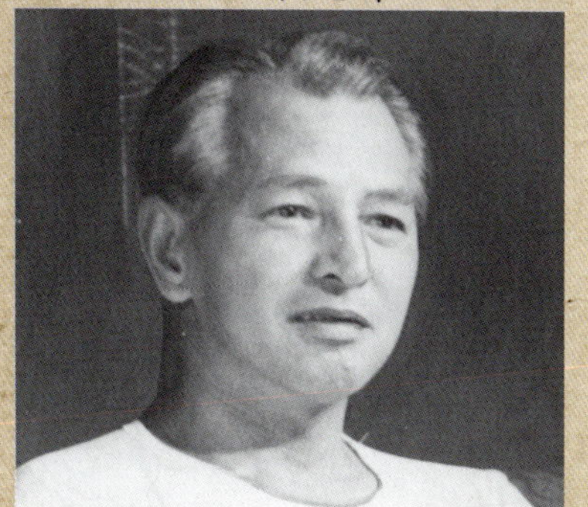

★生没年 1902～1985年
官僚、実業家。ＧＨＱとの交渉にあたる。堂々と意見を述べる態度に、ＧＨＱから「従順ならざる唯一の日本人」といわれた。

写真：すべて朝日新聞社

7章
降り先は新幹線！

新幹線の開業は1964年10月1日だよ

わぁあああ
だれか助けて～
ちょっと！時を飛べるくせに こんな時に何もできないの――!?
電波塔工事中

ハッ
そうだった!
ひううううう
カチカチカチカチ
え――っと
早く早く～～
あ
まちがえた
カチ
よし!
つかまれ!

タクミ！ハルトはいたか？
兄ちゃん……
どこにもいないよ…ジョー
高いところは下りるのもこわいな。

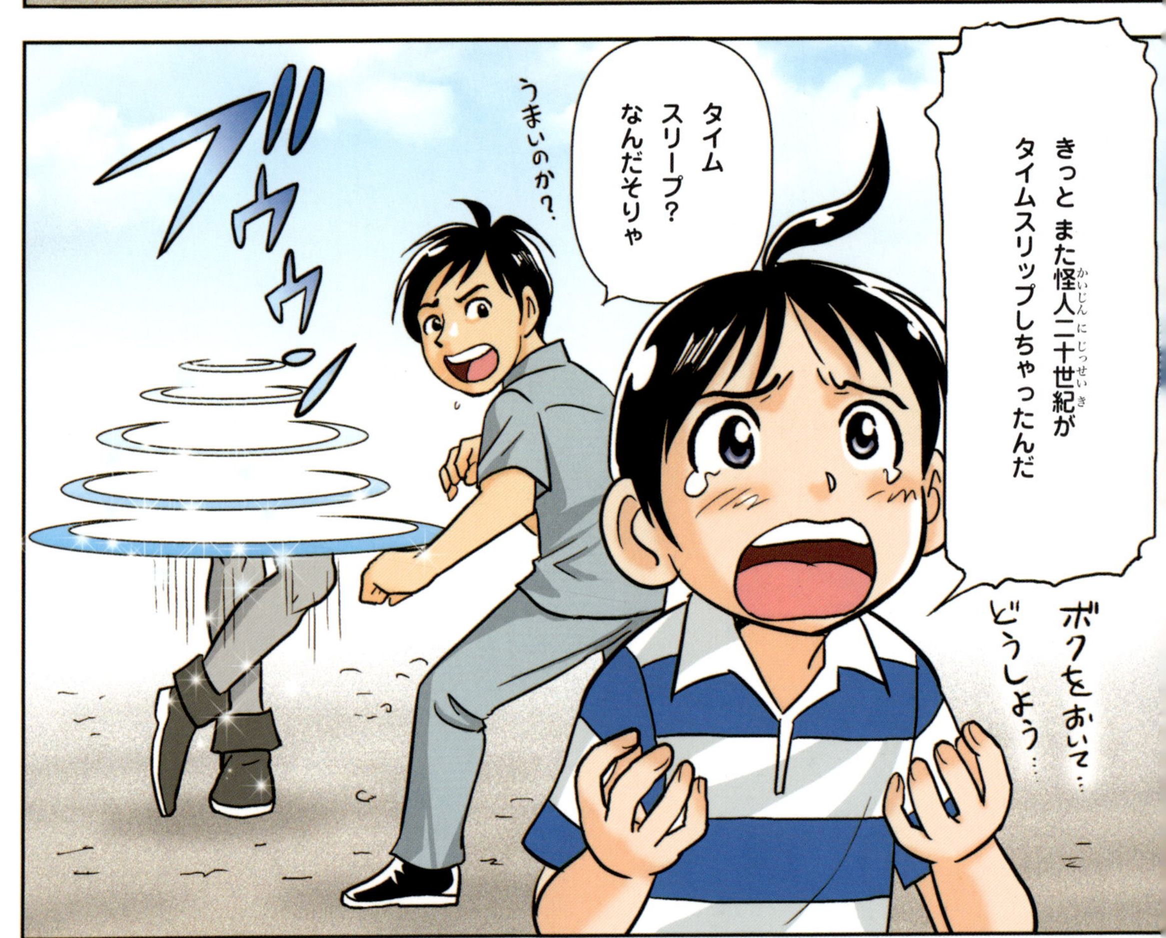
きっとまた怪人二十世紀がタイムスリップしちゃったんだ
タイムスリープ？なんだそりゃ
うまいのか？
ブウゥゥン
ボクをおいて…どうしよう…

しまった
遅かったか
なっ
あっ！
タイムパトロール・
ジロ――!!
たいへんだよ
怪人二十世紀がまた
タイムスリップで
うん…そのようだね
でも だいじょうぶ！
いつの時代に行ったか
つかめそうだよ
必ず怪人をつかまえて
ハルトくんを元の世界に
戻してあげるよ
さあ キミだけでも
先に 元の世界へ
戻してあげよう
あっ
ありがとう
で…でも……

あんな兄ちゃんでも
ぼくのたったひとりの大切な兄ちゃんなんだ ボクも一緒に捜させてよ
だれがあんなやねん
おっ…おい オレにもわかるように説明しろ!
あんた どこから どうやって 来たんだよっ
どうやって
……
……
カクカク
……
シカジカ
なに――!? 未来から来た――!?
で タクミと ハルトは
オレの孫!?
ホントにか!?

っつか オレとミヤコは結婚するのか～～！
いや～どうしよう～♥♥♥
まいったなー やっぱり愛は通じるんだなー
いや！ この子たちがこの時代に来たせいで歴史が変わり始めている
もしかしたら結婚できないかもしれないぞ
ありうる！
そっそんな～
オイオイオイ
一刻も早く兄ちゃんを助けて元の通りの歴史にしなくっちゃ
頼む!! オレとミヤコを無事に結婚させてくれ!!
がしっ

1964年10月
アーン…
みなさん
ご覧になっておりますでしょうか!!
パシャ
これが夢の超特急
新幹線です!!
パシャ

プァアアア
ドゴ
わあ
東京と新大阪を
わずか4時間で結ぶ
新しい鉄道時代の
幕開けです!!
ブゥン

ざわ
ざわ
なに?
とつぜん出てきたぞ
いたた
イタタ
ボワ
ゲ
あやしい男だ
ああっ!!
これは……
0系新幹線じゃないか!!
カッコイイ〜〜
カワイイ〜〜
おまえ電車好きなの?

メチャメチャ好きだよ
この0系新幹線は世界で初めて時速210㎞で走ったんだよっ＊
1964年から なんと2008年まで44年間も運用されていた名車両だよ！
ふ…ふーん
＊営業運転（お客さんを乗せた運転）では、当時、世界最速
ペラペラ
飛行機からヒントを得た鼻先と 青と白にぬられた姿は 新幹線のイメージとして定着して
ペラペラ
スタスタ
ハイハイ わかったから行くぞっ
ズルズル
ザワ
ザワ
どうやら彼らは1964年に移動したようだ
1964年？
ピピ

そう！
東京オリンピックの開催された年だ
え？
東京オリンピックは2020年だよ？
ふふっ 最初の東京オリンピックは1964年だったんだよ
さあ 急ごう！
フィイイン
じゃあね ジョー
1964年にまた会おうね！
お……おう
う〜ん……
ぜんぜん言ってることわかんねーや
本当に消えてるし…

1964年10月
ブルゥゥン
ワイ
ワァイ
ブロロロウ
うわっ ホントだ 町がオリンピック一色だね
さて…ハルトくんが行きそうな場所の心当たりはないかい？
きっとミヤコちゃん家だ！
もうすぐ聖火ランナーが通りまーす
下がってくださーい

ねえ 怪人二十世紀は何をしたいのかな?
ブゥゥ
うん…怪人二十世紀は子どもを利用して何かを手に入れようとしているようだ
おそらく子どもしか手に入らないものを……だから いつも子どものそばに出没して
話に乗りそうな子どもを探しているんだ
それにまんまと乗っかっちゃったのがうちの兄ちゃんか
あっ ジョーのバイクだ
ジョーもここにいるよ!

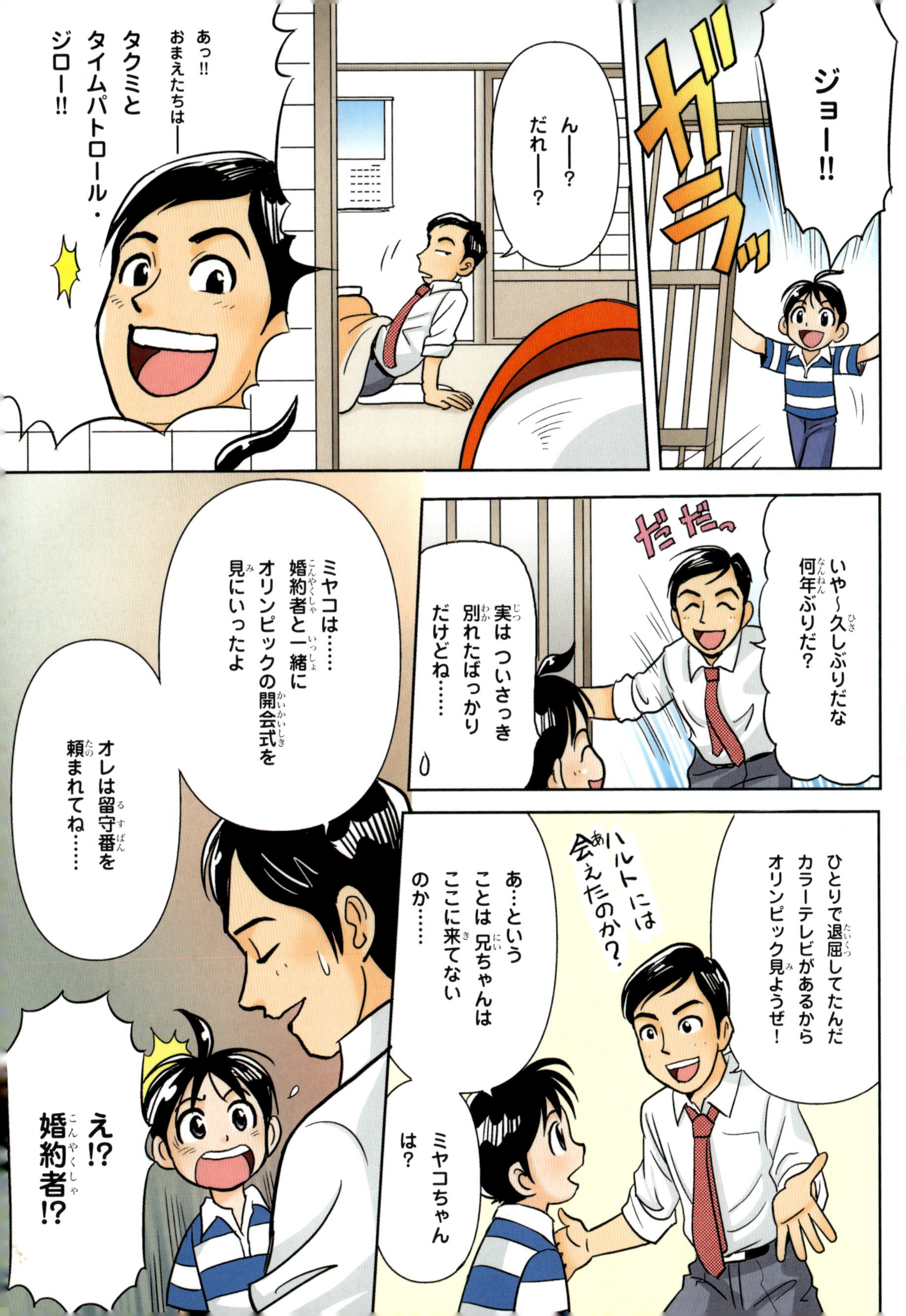
ジョー!!
ガラッ
ん――?だれ――?
あっ!!おまえたちは――タクミとタイムパトロール・ジロー!!
いや～久しぶりだな何年ぶりだ?
だだっ
実は ついさっき別れたばっかりだけどね……
ひとりで退屈してたんだカラーテレビがあるからオリンピック見ようぜ!
ハルトには会えたのか?
あ…ということは 兄ちゃんはここに来てないのか……
ミヤコちゃんは?
ミヤコは……婚約者と一緒にオリンピックの開会式を見にいったよ
オレは留守番を頼まれてね……
え!?婚約者!?

＊御曹司＝名門やお金持ちの家の子ども。ここでは、社長の息子のこと

どうしてジョーは
ミヤコちゃんに何も
言わなかったの？
好きなんでしょ？
そ…そんな
オレなんて……

オレは しがない電気工事屋さ
デパートの御曹司にかなうわけも
ないよ 最初っからな
それに大金持ちだから
ミヤコのお母さんの面倒だって
見てもらえるんだ
で…
でも…
ミヤコはあいつと
結婚したほうが幸せなんだよ
会えてうれしかったよ
じゃあな……
ピシャ
ぎゅうぅ

なんだよっ 幸せかどうかを
決めるのは ミヤコちゃんだろ!?
そんなの
全部 ジョーが自分の気持ち
伝えられなかった言い訳じゃ
ないか!!
ジョーの弱虫!!

もういいよっ！
行こっ！
ジロー!!
プリ
プリ

あれ？
もし
おじいちゃんと
おばあちゃんが
結婚しなかった
ら……
ボクと兄ちゃんは
どうなるんだ？

キミたちは
この世に生まれて
こない
つまり……
存在自体が
消えてしまう
――!!
ボクが
消えていく!!

戦後の日本を照らした光

① 人々に勇気を与えたニュース

戦後間もない1949（昭和24）年の夏、アメリカでおこなわれた全米水上選手権大会で、日本の古橋広之進選手が世界新記録を連発し、優勝しました。アメリカの人々は、古橋選手の快挙に驚き、日本の有名な富士山にちなんで「フジヤマのトビウオ」と呼んでほめたたえました。同じ年の秋には、科学者の湯川秀樹博士が、日本人初のノーベル賞（物理学賞）を受賞しました。

さらに1951（昭和26）年には、黒澤明監督の映画「羅生門」が、イタリアのベネチア国際映画祭グランプリを受賞します。

戦争に負けて自信を失っていた日本の人々は、これらの明るいニュースに、たいへん勇気づけられました。

昭和時代のキーパーソン 7

日本人初のノーベル賞受賞

湯川秀樹

★生没年 1907～1989年

物理学者。1934（昭和9）年に、素粒子における中間子の存在を予言。その功績により、1949（昭和24）年、ノーベル物理学賞を受賞した。

ふんどし姿の古橋広之進選手

戦後の食料不足のなか、イモやトウモロコシを食べて練習に励んだ。ふんどし姿で練習し、試合の時は、ふんどしの上に水泳パンツをはいて泳いだという

ふんどしは
日本人の魂って
ことか！

もの知りコラム

戦後日本で起こった大ブーム！

1950年代に入ると、日本は戦後の混乱から抜け出し、人々はおだやかな日常を取り戻しました。そんななか、いくつものブームが起きました。

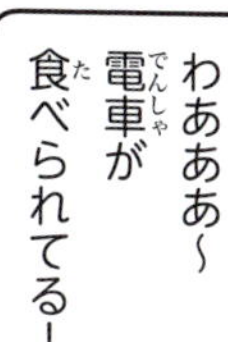

ラジオドラマ・映画「君の名は」

銭湯がからっぽに
1952（昭和27）年から放送のラジオドラマ「君の名は」は、愛し合う男女がすれ違う悲恋の物語。放送時間には、家で放送を聞くため、銭湯の女湯がからっぽになったという

「真知子巻き」が大流行
「君の名は」は映画にもなり、ヒロインの氏家真知子のストールの巻き方が女性に大流行。「真知子巻き」と呼ばれた

映画「ゴジラ」

初代のゴジラ
1954（昭和29）年に公開された「ゴジラ」。水爆実験によって眠りをさまされた怪獣ゴジラが、日本を襲うというストーリー。ゴジラが大人気になり、続編もたくさんつくられた

写真：東宝

プロレス 力道山

必殺技は空手チョップ
力道山（右写真の左）は1950年代に活躍したプロレスラーで、必殺技・空手チョップは、「伝家の宝刀」と呼ばれた。左写真は、力道山の試合を見るため、街頭テレビに集まる人々

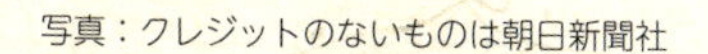
写真：クレジットのないものは朝日新聞社

8章 このままじゃボクらが消える!?

あんなヘナチョコ御曹司になんか渡さねーー!!
待ってろミヤコーー!!
それでこそボクのおじいちゃんだー
ダッ
早く例のものを買ってくるのだ
河西書店
ーーさぁ
ああ…うん例のもの…ね
え!?
発売中

あの……
なんか…手が消えかかってるんだけど
は――――!? なんでここまできて……何なんだよ ハルトォ
本日発売
○○入荷

何なんだって言われても
ドドドドドドド
あっ あいつらは……
ドドドド
ミヤコー

タクミ!!
あっ！兄ちゃんだ!!
タクミ〜会えてよかったよ
ダダダ
手が消えかけてるんだよ〜　どうなってんだ？
それはあとで説明するよっ
とにかく今はジョーを追いかけて!!
おっおう！
ダダダ
あっおい
見つけたぞ──怪人二十世紀──!!観念しろ〜
タタタタタ
ダッ
ゲゲッ
あいつまで…

わーーっ
まてー
オリンピック発祥の地ギリシャからはるばる運ばれてきた聖火
その聖火を持ったランナーが今 われわれの前で――……
ワ
ワ
ワ
わーーっ
はずかし～
――……抜かれていきました……
ドダダダダ

ダダダ

父ちゃん あれ 何?
うちもカラーでみたかったぜ
仮装行列かな?

ワー
ワー
ワー
ここかっ
オリンピックの開会式
国立競技場!!

ダダダッ
あっコラ！
ミヤコちゃーん
怪人も一緒に捜してよ！
なんでわたしが
あんたがすべての原因でしょー!!
待てっ
しまった…
もう通さんぞ
ハルトどんどん消えてるな
ミヤコちゃん
ヒッ
と父ちゃん今生首が通ってったよ
バカなこと言ってないでちゃんと開会式を見なさい
ヤミ市から押し売りまでしたオレが子どもとオリンピックを見ているとは…
戦後の焼け野原からオレも日本もここまで来たんだなぁ
じーん

さあ いよいよ
開催国のーー
ミヤコさん
この最新の
8ミリカメラに
映像をおさめて
僕たちの記念に
しましょう
いよいよ
日本選手の
入場ですよ
ミヤコちゃん!!
えっ
タクミ
く……

ミヤコ!!
大事なことを
伝えにきたんだ!!
聞いてくれ!
なんだ? あいつ
留守番してろって
言ったのに
ジョーくん……
──っていうか
タクミくんたち
透けてない??
そーなんだよ
ぼやーん
ずっと言えなかった
けど──いつも
考えてたんだ!!
オレと
結婚してくれ!!

はあ？　いきなり失礼なやつだなっ今の状況を見てわかんないのか？
じゃまだからあっち行けっシッシッ
ミヤコちゃん!!忘れちゃったの!?
ジョーはいつだってミヤコちゃんを助けてくれたじゃないか!!いつだって ミヤコちゃんの幸せを考えてたじゃないか!!
バッ
タクミくんハルトくん
ひっ 生首？

大変だと思ってよ。
石けん売れたよ！
これでお母さんの薬を…
よし！直った！
ちっ！　つきあってられないね
行こう　ミヤコさん
父にもっといい席を用意してもらうよ
ガタッ
おまえら座っていいぜ

待ってよ！
うるさいガキだなっ
どけっ!!
ドン
うわっ
タクミ
タクミくん!!

高度経済成長期の日本

① きっかけは朝鮮戦争

1950年、ソ連が支援する北朝鮮が、アメリカが支援する韓国へ攻め込み、戦争が起こりました。これを朝鮮戦争と呼びます。アメリカは日本に、戦争に必要な物資をつくらせたり、武器の修理をさせたりしたので、日本はたいへんもうかりました。

この好景気で、日本の経済は1950年代半ばには戦争前のレベルまで戻りました。1956（昭和31）年の「経済白書」（政府が出す日本経済についての報告書）には、「もはや戦後ではない」と書かれ、この言葉は流行語になりました。

アメリカ軍用の兵器をつくる工場
夜間に周囲を照らすための照明弾をつくっている

建設中の東京タワー
東京タワーは1958（昭和33）年に完成。完成時には、フランス・パリのエッフェル塔を抜いて、世界一高い塔になった

もの知りコラム

やっと「国際連合」に入れた！

「国際連合」（国連）は、第2次世界大戦が終わった1945年、世界平和を実現するためにつくられた国際機関です。独立を回復してすぐの1952（昭和27）年に、日本は国連への加盟を申し出ました。しかし、平和条約を結べていないソ連の反対で入れませんでした。

1956（昭和31）年、日本はソ連と「日ソ共同宣言」を出し、国交（国どうしのつきあい）を回復しました。ソ連の支持も得て、この年、日本はようやく国連に入ることができたのです。

②世界2位の経済大国へ

1950年代後半から、日本の経済はめざましい発展をとげました。日本のおもな産業が、農業から工業へと変わり始め、地方の農村の子どもたちが、集団で都会の会社に就職する「集団就職」がさかんになりました。中学を卒業してすぐに就職する子どもたちは、貴重な人材という意味で「金の卵」と呼ばれました。

1960（昭和35）年に、池田勇人首相が「所得倍増計画」を発表し、経済はますます発展。1968（昭和43）年には、アメリカに次ぐ世界2位の経済大国となりました。

このように経済が急成長した時期を、「高度経済成長期」といいます。

昭和時代のキーパーソン 8

「所得倍増」をとなえた首相

池田勇人

★生没年 1899～1965年

1960（昭和35）年に首相に就任。「所得倍増」をとなえて、7年で達成。「わたしはうそは申しません」などの言葉が有名。

もの知りコラム

庶民のあこがれ「三種の神器*」

「高度経済成長期」に、電気冷蔵庫・電気洗濯機・白黒テレビが急速に普及しました。これらは、豊かな暮らしの象徴として、庶民のあこがれになりました。

それまで
三種の神器
たらいと洗濯板
電気洗濯機
氷冷蔵庫
電気冷蔵庫
ラジオ
白黒テレビ

みんなすごく働いたんだね！

＊「三種の神器」＝もともとは天皇家に伝わる3つの宝物（八咫鏡・草薙剣・八坂瓊曲玉）のこと

写真：すべて朝日新聞社

9章

東京オリンピックの開会式だ！

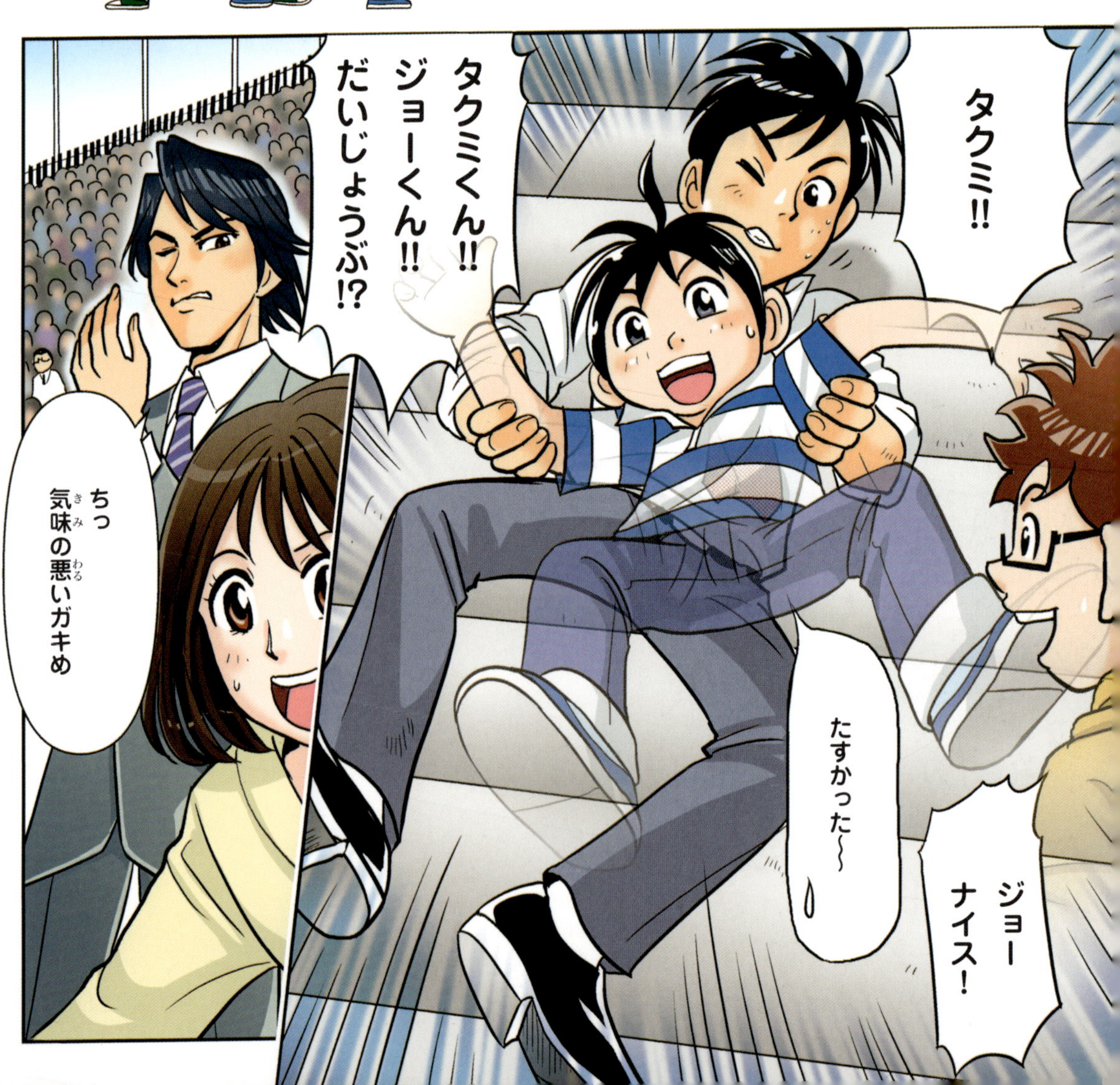

このォ
よくも
オレの弟を!!
ギャッ
ドン
どしん
いてっ

ごめんなさい――
やっぱり この縁談
なかったことにして
ください
なっ なにを
言い出すんだ ミヤコさん
お母さんの面倒だって
見てあげようってのに
僕をコケにしたら
どうなるか――

ごめんなさいっ!!
もう
おつきあい
できませんっ!
本当に
ちっ
従業員の分際で
やってくれるね
僕に恥をかかせた代償は大きいよ
もうデパートには
いられないと思ってくれたまえ
ぱん
ぱん
心配ご無用!
ミヤコは
これからも
オレが守るから

ちっ
勝手にしなっ！
だいじょうぶっ！立派な孫にもめぐまれるからね
？
あっ
体が元に戻った!!
ボクたち消えなくてすむよ!!

ぱち ぱち ぱち
いやー よかった よかった ホントによかった
めでたい めでたい

じゃ さっそく時を飛ぼうか ちゃんと発売日に戻って買うぞ
え!? ちょっ 発売日!?
兄ちゃん!! 時計を奪うんだ!
がうっ
わかった!
あっ

は・な・せ〜
ブン
ブン
ブン
はなすもんか〜
ガンバレ兄(にい)ちゃん!!
あ
ブン
ガシャン

どうだ!!
これでもう
タイムスリップできまい!
というより もう
身動きとれないよ
これじゃ……
ぎゅううう
よーーし
そこまでだ!!
怪人二十世紀!!
やっと
追いついた
神妙に
お縄につけ!!
またもや
決めポーズ
ダッ
JIRO

はいはい
わかったわかった
観念したよ
だから早く
こいつらを
はなしてくれよ
ずしっ

そういえば
兄ちゃん どんな
契約しちゃったの?

えーーと…その
なんだっけ?
何かを買うとか
買わないとか
はー!?
おまえ〜〜ホントに
忘れちゃったのか?

うん…うんちをもらす
前に戻りたい気持ちで
いっぱいで……
ハハハ
ガクッ
なんだよ〜

雑誌「少年」を
手に入れるって約束
したじゃないか！

何それ？

昭和の子どもたちに
大人気の雑誌だよ！
江戸川乱歩先生の
「少年探偵団シリーズ」も
載ってたんだ！
名探偵・明智小五郎と
謎の怪盗・怪人二十面相の
息づまる戦いに
昭和の子どもたちは
心を踊らせたんだ

そんなの自分で買えばいいだろ？
オレみたいな大人が少年雑誌買うなんて恥ずかしいじゃないか!!
怪人二十面相様なら子どもにも化けたかもしれんが オレはさすがに子どもにはなれん
そうか！
おまえは怪人二十面相のファンなんだなっ！
だからそのかっこう…
それってもしかして……
ゴソ
これ？ミヤコちゃんの家に行った時ジョーが貸してくれたやつ
あー覚えてる覚えてる
少年

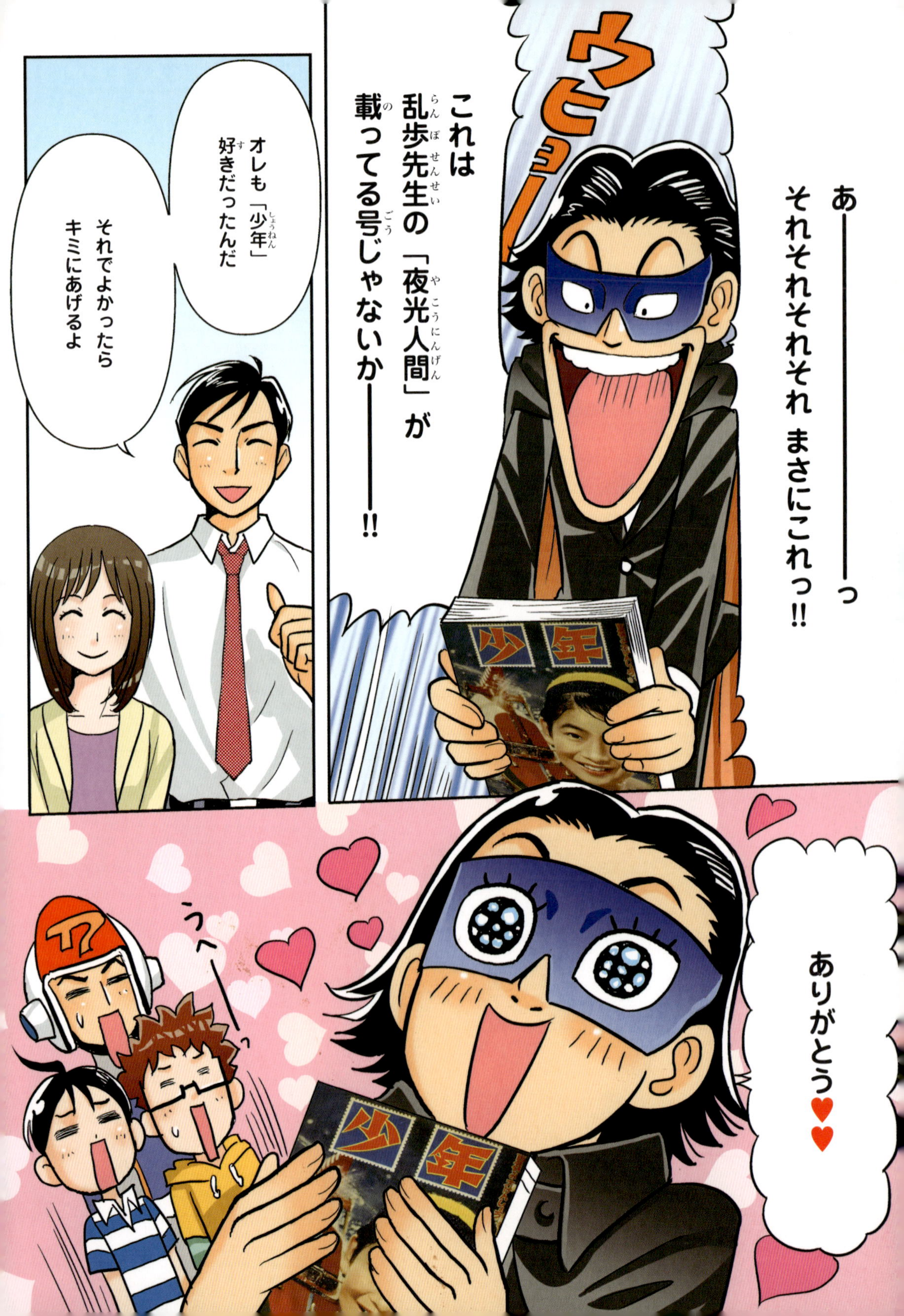
ウヒョー
あーーーっ
それそれそれそれ まさにこれっ!!
これは
乱歩先生の「夜光人間」が
載ってる号じゃないかーーー!!
オレも「少年」
好きだったんだ
それでよかったら
キミにあげるよ
ありがとう♥♥
うへーっ

ワァアア
なっ
なんだ!?
聖火台に――
点火された

東京オリンピックの
ゴオオオオオオ

開幕だ!!

東京オリンピック、開催！

①平和の祭典

1964（昭和39）年10月、東京オリンピックが開かれました。これは、アジアで初めてのオリンピックです。開会式では、原爆投下の日に広島で生まれた青年が、聖火リレーの最終ランナーとして聖火台に点火。そして、平和の象徴の鳩が大空に飛ばされました。

戦争の焼けあとから立ち上がり、国際的な大会が開けるまでに復興したことに、日本の人々は胸を熱くしました。

開会式がおこなわれた日にちなみ、現在、*10月の第2月曜日は「体育の日」として祝日になっています。

聖火がともされた
オリンピック発祥の地・ギリシャから日本に運ばれた聖火は、日本国内をたくさんの人がリレーして会場まで運んだ

*かつては開会式がおこなわれた10月10日が体育の日だったが、2000（平成12）年から第2月曜日に変更された

開会式
秋晴れのもとおこなわれた開会式で、入場する日本選手団（手前）

もの知りコラム

まぼろしの東京オリンピック

じつは、1940（昭和15）年にも、東京でオリンピックがおこなわれる予定でした。しかし、戦争を理由に日本はオリンピック開催を返上しました。東京にかわって、フィンランドのヘルシンキでおこなわれることになりましたが、第2次世界大戦が始まったため、けっきょく、中止になりました。

「東洋の魔女」が金メダル
あまりの強さに「東洋の魔女」と呼ばれた、バレーボール女子の日本代表（手前）。ボールを拾ってから転がる「回転レシーブ」に世界が驚いた

マラソンのスター「裸足のアベベ」
前回のローマオリンピックでは裸足で走り金メダルを取ったことから、「裸足のアベベ」と呼ばれるようになった。東京では靴をはいて走り、再び金メダル。マラソン史上初のオリンピック2連覇を成し遂げた

体操ニッポン！
体操男子団体は、東京オリンピックの金メダルを含め、オリンピック5連覇（1960〈昭和35〉～1976〈昭和51〉年）を成し遂げている

もの知りコラム

新幹線と高速道路

東京オリンピックにそなえ、日本国内の交通網が整備されました。

オリンピックの前年には、日本初の高速道路・名神高速道路が一部開通。そして、オリンピック開幕の9日前には、日本の技術を結集してつくった夢の超特急・新幹線が開業しました。これにより、6時間半かかっていた東京～新大阪間は、4時間に短縮されました（開業1年後には、3時間10分に短縮）。

新幹線の開業
盛大な見送りを受けて東京駅を出発する、開業の日の新幹線一番列車

新幹線はオリンピックのためにできたんだね

写真：すべて朝日新聞社

10章 ただいま！ 21世紀

さあ
元の世界へ戻ろう

じゃあね
ジョー
ミヤコちゃんと
仲良くね
ああ
元気でなっ

ブウウン
さよなら…また

?
あ

1970年
世界的な博覧会「日本万国博覧会」が大阪で開催。テーマは「人類の進歩と調和」
1960～1970年代
経済が成長する一方で、大気汚染などの公害も深刻に

2012年
東京スカイツリー開業
1991年頃
土地や株が値上がりした
「バブル経済」が崩壊し、
日本は不景気な時代に突入
2011年
東日本大震災
はまゆり
1980年
日本が自動車年間生産、世界一に
ヒュルル
平成
1995年
阪神・淡路大震災
1989年
昭和天皇崩御。「昭和」
が終わり、「平成」に

ねぇ 未来の日本はどうなるの?
気になるかい? じゃあ ちょっとだけ 未来を見せてあげよう
見られるの!?
パァァ
わっ
わっ
わわわ

でも この未来は 可能性の1つに
過ぎないんだ――
未来をどうやってつくっていくかは
キミたちにかかって
いるんだから――
…ルト
タクミ
ハルトー タクミー
早く起きなさーい

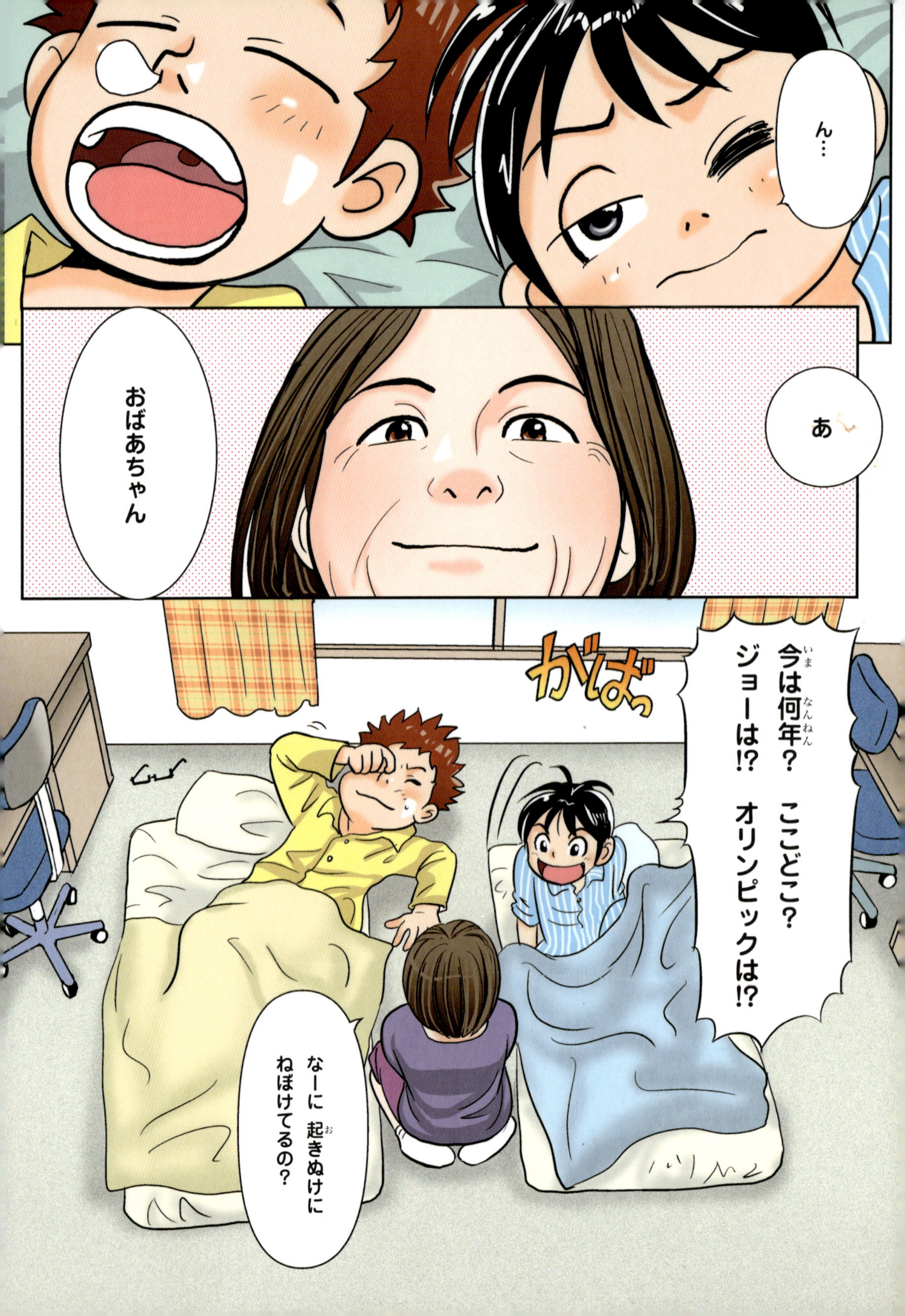
ん…
あ
おばあちゃん
がばっ
今は何年？ ここどこ？ ジョーは!? オリンピックは!?
なーに 起きぬけに ねぼけてるの？

――では1964年の東京オリンピック当時のことを――
ああ テレビの音が聞こえてねぼけたのね もう ごはんですよ
はーい

東京オリンピ
スペシ
わたしは父と一緒に開会式を見にいったんですが……たしかに見たんですよ
首だけの子どもと体が透けてる子どもが通るのを!!
いやホント!
ワハハハ
ハハハ
前回の東京オリンピックはすごかったわね――
次のオリンピックも見にいけるように元気でいなくちゃね
ち――ん

城電気
あっ――……

そういえば
このひみつ箱……
孫が生まれて
大きくなったら
この箱の中身を
渡してくれ……

すっかり忘れてたわ
開け方まで
忘れちゃった
カシャ
カシャ

開いた!
パカッ
コトッ
!

あーー
もう ムカつく〜〜!!
なんだよジローのやつ!
モシャ モシャ
なーんでキッチリ
うんちの次の日に
戻すんだよーー!!
ガツガツ
なにも かわってないじゃ ないかー!!
まぁ まぁ
無事に帰れたんだ
から いいじゃない

まーなー
うちのごはんには
変なゴミは入って
ないもんなー
うん うん
しあわせ♡
ヤミ市のナベは
ヒドかったもんねー
ハルト!
タクミ!
ちょっと いい
死んだおじいさんから
あんたたちに渡してくれ
って言われてたもの
忘れちゃってたのよ
?
え!?
ジョーから?

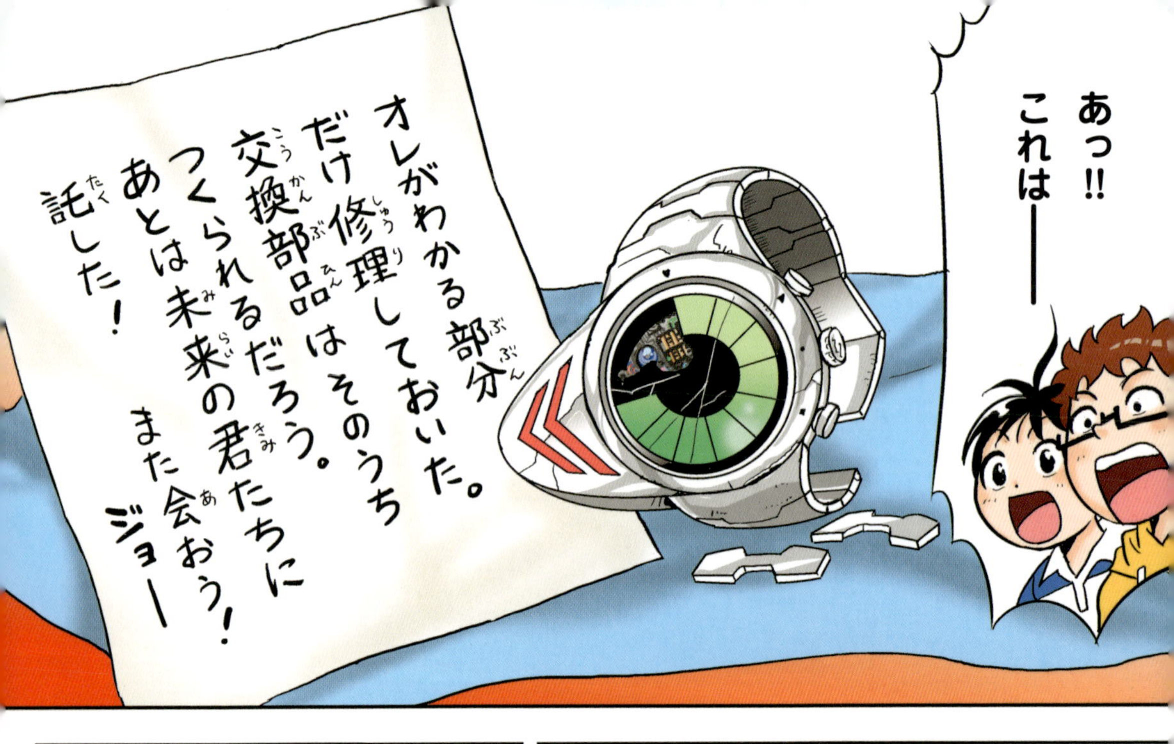
あっ!!
これは――
オレがわかる部分だけ修理しておいた。交換部品はそのうちつくられるだろう。あとは未来の君たちに託した!
また会おう!
ジョー

へへっ
怪人二十世紀の時計
ジョーが拾ってたのか
ボクたちが生きてるうちに 交換部品ができるかな～?

ジョーはスゲーよなー
ゼロから始めて ちゃんと会社つくっちゃったんだから
うん
戦後って ホントに何もなかったもんね

「戦後のサバイバル」終わり。

大阪万博から昭和の終わりへ

①万博で見た「未来の世界」

東京オリンピックに続き、1970（昭和45）年には、世界的な博覧会・日本万国博覧会（万博）が大阪で開催されました（大阪万博）。「人類の進歩と調和」をテーマに、世界の国々や企業がパビリオンを出展。動く歩道や、電気自動車、テレビ電話なども紹介され、人々は新しい技術に驚き、未来の世界を夢見ました。

また、アメリカのアポロ宇宙船が月から持ち帰った「月の石」が展示され、大人気になりました。

太陽の塔（中央）が立つ万博会場

もの知りコラム　パンダがやってきた！

日中戦争の影響で、戦後長いあいだ、日本は中国と国交がありませんでした。1972（昭和47）年、「友好関係を確立する」という「日中共同声明」が出され、6年後に「日中平和友好条約」が結ばれて、国交が回復します。

国交正常化を記念して、中国から、オスのカンカンとメスのランランの、2頭のパンダが贈られました。2頭は上野動物園で飼育され、パンダを見るために、連日、おおぜいの人がつめかけました。

メスのランラン（1972〈昭和47〉年）

②公害問題が起こった

経済が発展して生活が豊かになる一方で、工場から出る排気やごみなどが原因で起こる病気が、大きな社会問題になりました。

熊本県や新潟県では「水俣病」が発生しました。これは、工場から流された有毒物質で魚介類が汚染され、その魚介類を食べた住民がかかった病気です。また、工場地帯の三重県四日市市では、大気汚染により住民にぜんそくが多発し、「四日市ぜんそく」と呼ばれました。

もの知りコラム トイレットペーパーがなくなる？

1970年代に2度、石油の値上がりで、ほかの物の値段も上がり、日本の経済は落ち込みました。これを石油危機(オイルショック)といいます。

当時、「紙がなくなる」というデマが流れて、トイレットペーパーの買い占めが起こり、大騒動になりました。

③激動の昭和が終わった

1989（昭和64）年1月7日、昭和天皇が亡くなり、新しい天皇（現在の天皇陛下）が即位しました。これにともない、元号も「昭和」から「平成」に変わりました。

「平成」という元号は、「平和が達成される」という願いをこめて、決められました。

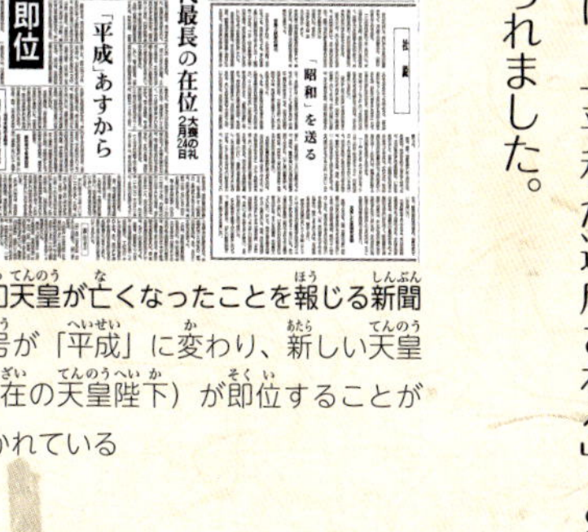

天皇陛下 崩御

新元号「平成」

激動の昭和終わる

87歳 歴代最長の在位

明仁親王ご即位

「平成」あすから

昭和天皇が亡くなったことを報じる新聞

元号が「平成」に変わり、新しい天皇（現在の天皇陛下）が即位することが書かれている

新元号を発表

新しい元号は政府によって決められた

写真：すべて朝日新聞社

昭和時代～平成時代年表

昭和時代

年	出来事
1927年	金融恐慌が始まる
1931年	満州事変（～1933年。満州で起きた日本軍と中国軍の武力衝突）
1932年	五・一五事件（海軍の青年将校らによる反乱事件）
1933年	国際連盟を脱退する
1936年	二・二六事件（陸軍の青年将校らによるクーデター未遂事件）
1937年	日中戦争が始まる（～1945年）
1939年	第2次世界大戦が始まる（～1945年）
1941年	太平洋戦争が始まる（～1945年。日本と、アメリカをはじめとする連合国との戦争）
1945年	東京大空襲。広島・長崎に原爆を落とされる。ポツダム宣言を受け入れ、日本が降伏する
	GHQの占領のもと、日本の戦後復興が始まる
1946年	極東国際軍事裁判（東京裁判。～1948年）。日本国憲法が公布される（翌年施行）
1951年	サンフランシスコ平和条約が結ばれる（翌年発効し、日本が独立を回復）

時代	年	できごと
		日米安全保障条約が結ばれる（翌年発効）
	1956年	日ソ共同宣言（日本とソ連〈現在のロシアなど〉の国交回復）。国際連合に加盟する
	1958年	東京タワーが開業する
	1964年	夏季オリンピックが東京で開催（東京オリンピック）
	1970年	日本万国博覧会（大阪万博）が開かれる
	1972年	沖縄が日本に復帰する。日中共同声明
	1978年	日中平和友好条約が結ばれる（日本と中国の国交回復）
平成時代	1991年	この頃、バブル経済が崩壊する
	1995年	阪神・淡路大震災
	2002年	日本と韓国で2002FIFAワールドカップ（サッカー）を共催
	2011年	東日本大震災
	2012年	東京スカイツリーが開業する
	2013年	2020年の夏季オリンピックの開催地が東京に決定

監修　河合敦
編集デスク　大宮耕一、橋田真琴
編集スタッフ　泉ひろえ、河西久実、庄野勢津子、十枝慶二、中原崇
シナリオ　河西久実
着彩協力　合同会社スリーペンズ（chimaki、宮崎薫里絵）
コラムイラスト　相馬哲也、横山みゆき

参考文献　『早わかり日本史』河合敦著 日本実業出版社／『詳説 日本史研究 改訂版』佐藤信・五味文彦・高埜利彦・鳥海靖編 山川出版社／『伝えたい昭和のくらし 戦中と戦後』昭和館／『戦中・戦後のくらし 昭和館』昭和館／『新訂 資料カラー歴史』浜島書店／『ニューワイドずかん百科 ビジュアル日本の歴史』学習研究社／『21 世紀こども百科 歴史館 増補版』小学館／「週刊マンガ日本史 改訂版」95、98、99 号 朝日新聞出版／「週刊しゃかぽん」46、50 号 朝日新聞社／「週刊昭和」1、2、5、22、23、24 号 朝日新聞出版／「週刊二十世紀」2、3、21 号 朝日新聞社

※本シリーズのマンガは、史実をもとに脚色を加えて構成しています。

戦後（せんご）のサバイバル

2017年 3 月30日　第 1 刷発行

著　者　マンガ：もとじろう／ストーリー：チーム・ガリレオ
発行者　須田剛
発行所　朝日新聞出版
〒104-8011
東京都中央区築地5-3-2
編集　生活・文化編集部
電話　03-5540-7015（編集）
03-5540-7793（販売）

印刷所　株式会社リーブルテック
ISBN978-4-02-331517-4
定価はカバーに表示してあります

落丁・乱丁の場合は弊社業務部（03-5540-7800）へ
ご連絡ください。送料弊社負担にてお取り替えいたします。

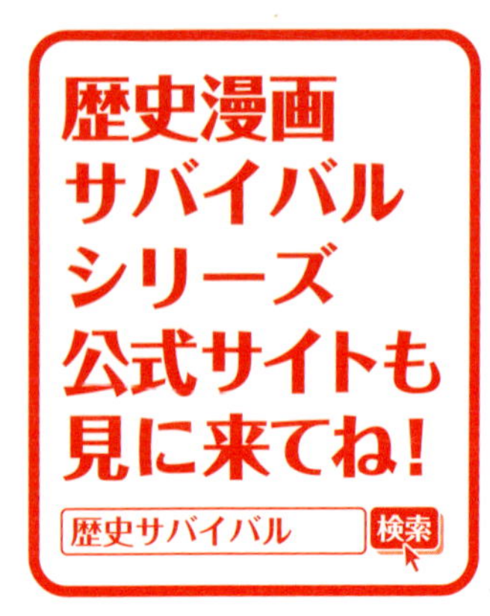

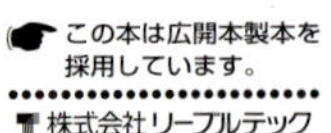

読者のみんなとの交流の場、「ファンクラブ通信」が誕生したよ！ クイズに答えたり、似顔絵などの投稿コーナーに応募したりして、楽しんでね。「ファンクラブ通信」は、サバイバルシリーズ、対決シリーズの新刊に、はさんであるよ。書店で本を買ったときに、探してみてね！

おたよりコーナー 1

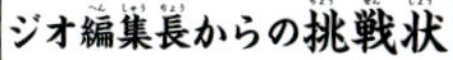

みんなが読んでみたい、サバイバルのテーマとその内容を教えてね。もしかしたら、次回作に採用されるかも!?

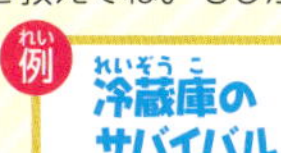

何かが原因で、ジオたちが小さくなってしまい、知らぬ間に冷蔵庫の中に入れられてしまう。無事に出られるのか!?（9歳・女子）

おたよりコーナー 2

キミのイチオシは、どの本!?

サバイバル、応援メッセージ

キミが好きなサバイバル1冊と、その理由を教えてね。みんなからのアツ～い応援メッセージ、待ってるよ～！

例

戦国時代のサバイバル
忍者や武将のことがよくわかった。リュウたちがやっているテレビゲームに出てくる、徳川家康の必殺技が面白かったです。（8歳・男子）

おたよりコーナー 3

ピピが審査員長！ 2コマであそぼ

お題となるマンガの1コマ目を見て、2コマ目を考えてみてね。みんなのギャグセンスが試されるゾ！

例 お題

井戸に落ちたジオ。なんとかはい出た先は!?

地下だったはずが、なぜか空の上!?

おたよりコーナー 4

みんなが描いた似顔絵を、ケイが選んで美術館で紹介するよ。

例

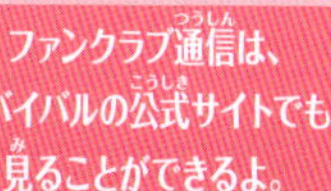

上手い！

みんなからのおたより、大募集！

❶コーナー名とその内容
❷郵便番号
❸住所
❹名前
❺学年と年齢
❻電話番号
❼掲載時のペンネーム（本名でも可）

を書いて、右記の宛て先に送ってね。掲載された人には、サバイバル特製グッズをプレゼント！

●郵送の場合
〒104-8011 朝日新聞出版 生活・文化編集部
サバイバルシリーズ ファンクラブ通信係

●メールの場合
junior @ asahi.com
件名に「サバイバルシリーズ ファンクラブ通信」と書いてね。

ファンクラブ通信は、サバイバルの公式サイトでも見ることができるよ。

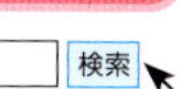

※応募作品はお返ししません。※お便りの内容は一部、編集部で改稿している場合がございます。

本の感想や知ったことを書いておこう。